高等职业教育机电类专业新形态教材

UG NX12.0 实例教程

主　编　江　健
副主编　钟海雄　朱向丽
参　编　尹　帅　农钧麟
主　审　苏　茜

机械工业出版社

本书是依据高等职业教育装备制造大类专业的人才培养方案和新的教学指导思想，遵循"教、学、做"一体化的理念，结合作者多年在企业从事产品设计的工作经验以及作者团队多年教学实践经验的基础上编写而成。

本书采用项目任务式编写体例，每个项目均配有小结和巩固练习。本书主要内容包括 UG NX12.0 概述、曲线绘制、草图编辑、实体建模、曲面造型、零件装配、工程图编辑和运动仿真。

本书配套资源丰富：各个项目均配有实操视频，扫描书中相应的二维码即可观看；本书配套电子教案、电子课件以及模型源文件等教学资源。凡使用本书作为授课教材的教师，可登录机械工业出版社教育服务网（http://www.cmpedu.com），注册后免费下载本书的配套资源，咨询电话010-88379375。

本书可作为高职高专院校机械设计与制造、数字化设计与制造技术等专业的教学用书，也可供相关专业的工程设计人员参考。

图书在版编目（CIP）数据

UG NX12.0 实例教程 / 江健主编 .—北京：机械工业出版社，2022.12（2025.2 重印）

高等职业教育机电类专业新形态教材

ISBN 978-7-111-72011-9

Ⅰ.①U… Ⅱ.①江… Ⅲ.①计算机辅助设计 – 应用软件 – 高等职业教育 – 教材 Ⅳ.① TP391.72

中国版本图书馆 CIP 数据核字（2022）第 212043 号

机械工业出版社（北京市百万庄大街 22 号　邮政编码 100037）
策划编辑：陈　宾　　　　　责任编辑：王英杰
责任校对：潘　蕊　张　征　封面设计：王　旭
责任印制：郜　敏
北京富资园科技发展有限公司印刷
2025 年 2 月第 1 版第 7 次印刷
184mm×260mm・12.5 印张・309 千字
标准书号：ISBN 978-7-111-72011-9
定价：42.00 元

电话服务　　　　　　　　网络服务
客服电话：010-88361066　　机　工　官　网：www.cmpbook.com
　　　　　010-88379833　　机　工　官　博：weibo.com/cmp1952
　　　　　010-68326294　　金　书　网：www.golden-book.com
封底无防伪标均为盗版　　　机工教育服务网：www.cmpedu.com

前 言

UG 是 Siemens PLM Software 公司推出的一款集 CAD/CAM/CAE 于一体的三维数字化设计软件，该软件功能强大，是当今世界上先进的计算机辅助设计、制造和分析的软件之一，广泛应用于航空航天、新能源汽车、模具设计与制造、机械电子、玩具、军事及医疗器械等领域。

我国制造业正在从制造大国向制造强国迅速发展，对计算机辅助设计的要求也越来越高。随着 UG 软件版本的不断升级和功能的不断完善，其应用范围也进一步扩展，并逐步形成专业化和智能化。编者结合多年来对 UG 软件的应用与教学经验，按照教学要求和岗位需求编写了本书。本书以 UG NX12.0 为平台，以项目形式通过具有代表性的企业生产实例，全面系统地介绍了该软件在机械设计领域的具体使用方法和操作技巧。

本书以实例任务为依托，注重实践经验的传授；为贯彻党的二十大精神，加强教材建设，推进教育数字化，编者在书中增加了素养目标，配套了相应的视频资源，力求突出以下特色：

1）从入门到精通，层层深入，知识全面。
2）实例操作简单，步骤详细，图文并茂。
3）全书内容丰富，前后关联，实例互补。
4）重点突出，视频演示，通俗易懂。
5）注重素质教育，注重培养学生的爱国情怀与职业操守。

本书共分为 8 个项目，26 个实例任务，每个项目均配有巩固练习。本书的 8 个项目分别为 UG NX12.0 概述、曲线绘制、草图编辑、实体建模、曲面造型、零件装配、工程图编辑、运动仿真。内容由浅入深，基本涵盖了 UG 设计中涉及的知识点，针对性与实用性较强。根据各项目的内容，建议本书分为 64 学时，具体学时分配如下：

项目名	学时分配 /h
项目一　UG NX12.0 概述	4
项目二　曲线绘制	4
项目三　草图编辑	8
项目四　实体建模	16
项目五　曲面造型	8
项目六　零件装配	8
项目七　工程图编辑	8
项目八　运动仿真	8
共计	64

本书由广西机电职业技术学院江健担任主编并负责全书的统稿，南宁职业技术学院钟海雄、广西机电职业技术学院朱向丽担任副主编，柳州工学院尹帅、广西职业技术学院农钧麟参与编写，广西机电职业技术学院苏茜担任本书的主审。本书具体的编写分工为：江健负责项目一、项目三、项目六、项目七的编写，钟海雄负责项目五的编写，朱向丽负责项目二的编写，尹帅负责项目四的编写，农钧麟负责项目八的编写。

由于编者水平有限，书中难免有不足或疏漏之处，恳请广大读者批评指正。

编者

二维码索引

名称	图形	页码	名称	图形	页码
01 任务一　简单平面曲线绘制		19	14 端盖		86
02 任务二　空间曲线绘制		26	15 盘罩		87
03 任务三　文本曲线绘制		31	16 齿轮泵体设计		87
04 任务一　垫片零件草图编辑		35	17 任务一　五角星设计		88
05 任务二　端盖零件草图编辑		41	18 任务二　台灯罩设计		93
06 任务三　挂钩零件草图编辑		45	19 任务三　花瓶设计		98
07 任务四　连杆零件草图编辑		48	20 任务一　台虎钳装配		124
08 任务五　轴承座零件草图编辑		52	21 任务二　泵装配		139
09 任务一　输出轴设计		58	22 任务三　脚轮装配		152
10 任务二　三通管设计		66	23 练习一		157
11 任务三　轴承盖设计		72	24 练习二		157
12 任务四　箱体设计		78	25 练习三		157
13 手轮		86	26 任务一　拨叉工程图编辑		158

目录

前言

二维码索引

项目一　UG NX12.0 概述 ………………… 1
　　任务一　UG NX12.0 的基本操作 ………… 1
　　任务二　UG NX12.0 的对象操作 ………… 14

项目二　曲线绘制 ………………………… 19
　　任务一　简单平面曲线的绘制 …………… 19
　　任务二　空间曲线绘制 …………………… 26
　　任务三　文本曲线绘制 …………………… 31

项目三　草图编辑 ………………………… 35
　　任务一　垫片零件草图编辑 ……………… 35
　　任务二　端盖零件草图编辑 ……………… 41
　　任务三　挂钩零件草图编辑 ……………… 45
　　任务四　连杆零件草图编辑 ……………… 48
　　任务五　轴承座零件草图编辑 …………… 52

项目四　实体建模 ………………………… 58
　　任务一　输出轴设计 ……………………… 58
　　任务二　三通管设计 ……………………… 66
　　任务三　轴承盖设计 ……………………… 72
　　任务四　箱体设计 ………………………… 78

项目五　曲面造型 ………………………… 88
　　任务一　五角星设计 ……………………… 88
　　任务二　台灯罩设计 ……………………… 93
　　任务三　花瓶设计 ………………………… 98
　　任务四　吹风机外壳设计 ………………… 104

项目六　零件装配 ………………………… 123
　　任务一　台虎钳装配 ……………………… 124
　　任务二　泵装配 …………………………… 139
　　任务三　脚轮装配 ………………………… 152

项目七　工程图编辑 ……………………… 158
　　任务一　拨叉工程图编辑 ………………… 158
　　任务二　阀盖工程图编辑 ………………… 166
　　任务三　弹性支承装配工程图
　　　　　　编辑 ……………………………… 172

项目八　运动仿真 ………………………… 180
　　任务一　平面四杆机构运动仿真 ………… 181
　　任务二　机械抓手机构运动仿真 ………… 187

参考文献 …………………………………… 194

项目一

UG NX12.0 概述

本项目主要对 UG NX12.0 的特点、基本功能和基本操作等进行介绍，让学生初步了解 UG NX12.0 的概况和常见的功能模块等，重点掌握 UG NX12.0 的对话框设置和工具条的使用。

UG NX12.0 较其前面的版本有了很大的改进，但基本操作没有改变。在 UG 软件中，所有的操作功能都可以通过菜单命令或是工具条中的命令按钮来实现。

知识目标

1）了解 UG NX12.0 的基本功能。
2）掌握 UG NX12.0 的界面与使用环境。
3）熟悉 UG NX12.0 的基本操作。
4）掌握鼠标与键盘的操作。

能力目标

1）具备设置 UG NX12.0 的工作环境的能力。
2）具备进行 UG NX12.0 文件管理的能力。
3）具备视图操作与对象操作的能力。
4）具备鼠标按键的应用能力。
5）具备图层管理的能力。

任务一　UG NX12.0 的基本操作

一、启动 UG NX12.0

（一）UG NX12.0 启动方法

1）在 Windows 系统桌面双击 UG NX12.0 快捷方式按钮，即可启动 UG NX12.0。

2）单击"开始"→"所有程序"→"Siemens NX12.0"→"NX 12.0"按钮，启动 UG NX12.0。

3）将 UG NX12.0 的快捷方式按钮 ![icon] 拖到桌面下方的快捷启动栏中，只需单击快捷方式按钮 ![icon]，即可启动 UG NX12.0。

4）直接在 UG NX12.0 的安装目录中的"Siemens\NX 12.0\UG Ⅱ"下双击"ugraf.exe"应用程序，就可启动 UG NX12.0。

系统弹出 UG NX12.0 欢迎对话框后，需要等待软件初始化，然后打开 UG NX12.0 初始窗口，如图 1-1 所示。

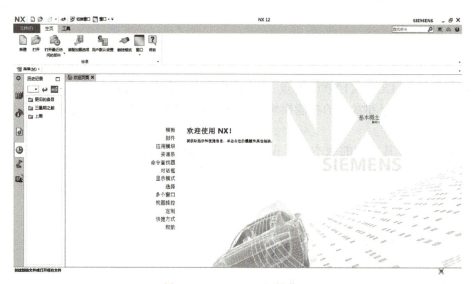

图 1-1　UG NX12.0 初始窗口

（二）UG NX12.0 用户主窗口

当创建或打开一个 UG 文件后，进入 UG NX12.0 用户主窗口，如图 1-2 所示。

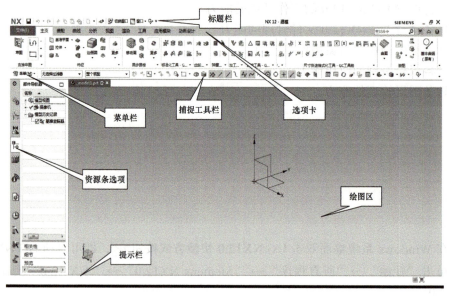

图 1-2　UG NX12.0 用户主窗口

UG NX12.0 用户主窗口说明如下：

（1）标题栏　用于显示 UG NX12.0 的版本号及当前所操作 UG 文件的属性及名称。与一般的 Windows 应用程序类似，利用位于标题栏右侧的 3 个按钮可以分别实现 UG NX12.0 窗口的最小化（或还原）、最大化及关闭等操作。

（2）菜单栏　又称下拉菜单，它包含了 UG NX12.0 的主要功能。系统将所有的命令和设置选项放在不同的下拉菜单中，单击菜单栏中的某一按钮即会弹出相应的下拉菜单，如图 1-3 所示。

（3）选项卡　选项卡中的按钮对应着不同的命令，而且选项卡中的命令都以图形的方式形象地表示出其功能，这样可以快捷地查找命令，便于用户使用。选项卡包括"文件""主页""装配""曲线""分析""视图""渲染""工具""应用模块""动画设计"。在选项卡右上方有"查找命令"栏，用于查找 UG NX12.0 之前旧版本中的一些隐藏命令。

（4）资源条选项　通过单击资源条选项中的按钮，可以调出"动画导航器""装配导航器""约束导航器""部件导航器""重用库""3D 工具""浏览器""历史记录""工作过程""加工向导""UG 角色"。图 1-4 所示为"部件导航器"，其主要作用是浏览及编辑已创建的草图、基准平面、特征和历史记录等。

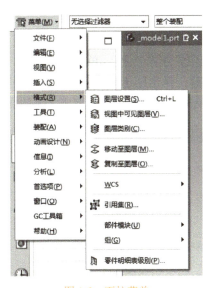

图 1-3　下拉菜单

图 1-4　部件导航器

（5）提示栏　提示栏是用户和计算机进行信息交互的主要窗口之一，用来提示用户如何操作。进行每一项操作时，系统都会在提示栏中显示用户必须单击的按钮，或者提示用户下一个动作。

（6）绘图区　以图形的形式显示模型的相关信息，它是用户进行建模、编辑、装配、分析和渲染等操作的区域。绘图区不仅显示模型的形状，还显示模型的位置。模型的位置是通过各种坐标系来确定的。坐标系可以是绝对坐标系、工作坐标系，也可以是相对坐标系，这些信息也显示在绘图区。

（7）捕捉工具栏　通过使用捕捉工具栏中相应的命令，可以自动对齐对象上的点，该工具栏包括"中点""极点""相交""象限点"等。

二、UG NX12.0 文件管理

文件管理主要包括新建文件、保存文件、关闭文件、打开文件、导入文件和导出文件等。

（一）新建文件的方法

1）单击"文件"→"新建"按钮。

2）单击标题栏中的"新建"按钮 。

3）按 <Ctrl+N> 快捷键。

"新建"对话框如图 1-5 所示。在对话框中的"模板"列表中选择适当的模板，设置"单位"为"毫米"，然后在"新文件名"中的"名称"文本框中输入文件名，在"文件夹"下拉列表框中指定新建文件的保存路径，设置完成后单击"确定"按钮即可。

小提示：UG 的文件命名应符合 Windows 标准，文件名及文件所在文件夹名均可以包含有中文字符。UG 文件的后缀名为 ".prt"。

（二）保存文件的方法

1）单击"文件"→"保存"或"全部保存"按钮。

2）单击标题栏中的"保存"按钮 。

3）按 <Ctrl+S> 快捷键。

4）保存文件时，既可以保存当前文件，也可以另存文件，单击"文件"→"保存"→"另存为"按钮，或者按 <Ctrl+Shift+A> 快捷键，弹出图 1-6 所示的"另存为"对话框，在对话框中选择保存路径，输入新的文件名，再单击"确定"按钮，完成文件的保存。

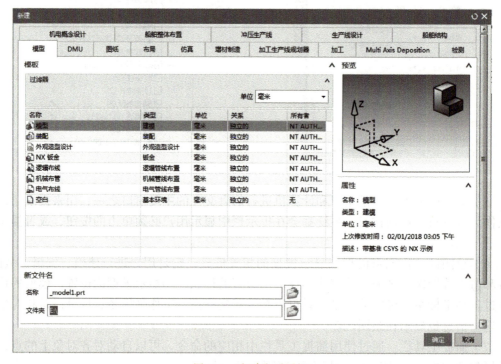

图 1-5 "新建"对话框

图1-6 "另存为"对话框

图1-7 "关闭"子菜单

(三)关闭文件

"关闭"命令主要用来关闭当前正在运行的文件,可以在绘图区的上方单击关闭按钮 直接关闭文件,但当打开较多的文件时(如装配过程),操作起来比较麻烦。

关闭文件方法为:单击"文件"→"关闭"按钮,弹出图1-7所示"关闭"子菜单,它包含了"选定的部件""所有部件""保存并关闭""另存并关闭""全部保存并关闭""全部保存并退出""关闭并重新打开选定的部件""关闭并重新打开所有修改的部件"。

(四)打开文件的方法

1)单击"文件"→"打开"按钮。

2)按 <Ctrl+O> 快捷键。

用以上两种方法均可打开图1-8所示的"打开"对话框,在查找范围处找到需要打开的 UG 文件,然后双击该文件即可打开。

3)在"历史记录"导航器中有选择性地打开最近打开过的文件。图1-9所示为"历史记录"导航器。

(五)导入文件

"导入"命令主要是将符合 UG 文件格式要求的文件导入到 UG 系统中,如 Parasolid、CGM、STL、Pro/E 等文件格式,在个别文件导入过程中可能会出现颜色丢失现象,但其他要素不会丢失。

单击"文件"→"导入"按钮,再根据要导入的文件格式选择不同的导入选项,即可完成文件的导入。

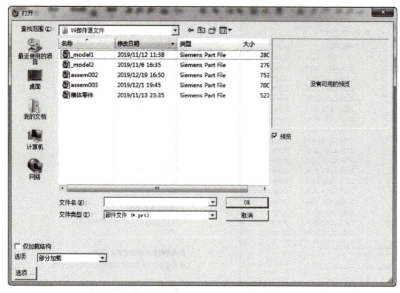
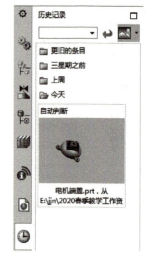

图 1-8 "打开"对话框　　　　　　　　　图 1-9 "历史记录"导航器

(六) 导出文件

"导出"命令主要是用来将 UG 创建的文件以其他格式导出，如 Parasolid、CGM、STL、JPG 等文件格式，这样生成的文件不再是以 ".prt" 为后缀名，而是以所导出文件格式相应的后缀名结尾，导出的文件可用相应的软件打开并进行编辑。

单击"文件"→"导出"按钮，再根据要导出的文件格式选择不同的导出选项，即可完成文件的导出。

三、鼠标与键盘的操作

键盘用于输入参数或使用快捷键执行某项命令，鼠标则用来选择命令或对象。鼠标在 UG NX12.0 软件中的应用频率非常高，且功能强大，应用最广的是三键滚轮鼠标，鼠标的操作使用代码表示：MB1 代表鼠标左键，MB2 代表鼠标中键，MB3 代表鼠标右键。通过鼠标的按键可以实现平移、缩放、旋转及弹出快捷菜单等操作。三键滚轮鼠标如图 1-10 所示。

图 1-10　三键滚轮鼠标

三键滚轮鼠标的功能及操作说明见表 1-1。

表 1-1　三键滚轮鼠标的功能及操作说明

鼠标按键	功能	操作说明
左键（MB1）	用于选择菜单栏、快捷菜单、工具栏中的命令和模型对象	单击 MB1
中键（MB2）	放大或缩小	按 <Ctrl+MB2> 或 <MB1+MB2> 快捷键并拖动光标，均可实现模型放大或缩小
	平移	按 <Shift+MB2> 或 <MB2+MB3> 快捷键并拖动光标，可实现模型的平移
	旋转	长按 MB2 并拖动光标，可实现模型的旋转
	确定	单击 MB2，相当于 <Enter> 键
右键（MB3）	弹出快捷菜单	单击 MB3
	弹出推断式菜单	选择任意一个特征单击 MB3 并保持
	弹出悬浮式菜单	在绘图区空白处单击 MB3 并保持

快捷键指的是使用 UG 做绘图设计时，通过使用键盘上的组合键来打开某指令的一种方式。合理地使用快捷键可以提高工作效率，达到事半功倍的作用。UG NX12.0 中常用快捷键及其功能见表 1-2。

表 1-2　快捷键及其功能

快捷键	功能	快捷键	功能
<Ctrl+B>	隐藏选择对象	<Ctrl+N>	新建文件
<Ctrl+Shift+B>	反隐藏全部	<Ctrl+O>	打开文件
<Ctrl+Shift+K>	取消隐藏所选对象	<Ctrl+S>	保存文件
<Ctrl+Shift+U>	显示所有隐藏	<Ctrl+Shift+A>	另存为
<Ctrl+M>/<M>	进入建模环境	<Ctrl+D>/<DEL>	删除对象
<Ctrl+Shift+D>	进入工程图编辑	<Ctrl+L>	图层设置
<Ctrl+F>	适合窗口（全屏）	<Ctrl+Z>	撤销上一步
<Ctrl+R>	旋转视图	<Ctrl+J>	对象显示
<F8>	对正最近一视图	<Ctrl+T>	几何变换
<END>	正等轴测视图	<ESC>	退出当前操作

四、基本视图操作

在设计过程中，需要经常改变视角来观察模型，调整模型以线框图或着色图来显示。有时，也需要多幅视图结合起来分析，因此观察模型不仅与视图有关，也和模型的位置、大小相关。

（一）观察模型的方法

观察模型常用的方法有放大、缩小、旋转、平移等，可以通过单击选项卡中的按钮来实现。UG 软件中观察模型的常用方法有以下两种：

1）直接在"视图"选项卡中单击需要的命令按钮。"视图"选项卡中的命令按钮如图 1-11 所示。

图 1-11　"视图"选项卡中命令按钮

2）在绘图区中单击鼠标右键，在弹出的快捷菜单中选择需要的命令，如图 1-12 所示。

（二）模型的着色显示

在"视图"选项卡中，单击"着色"下拉按钮，弹出视图着色下拉菜单，如图 1-13 所示。单击下拉菜单中的命令按钮，绘图区中的模型则调整为相应的着色显示效果。

图 1-12　右键快捷菜单

图 1-13　视图着色下拉菜单

（三）模型的视图显示

在"视图"选项卡中，单击"正三轴测图"下拉按钮，弹出视图显示下拉菜单，如图 1-14 所示。单击菜单中的命令按钮，绘图区中的模型则调整为相应的视图显示。

五、图层管理

图层用于存储文件中的对象，并且其工作方式类似于容器，可通过结构化且一致的方式来收集对象。与显示和隐藏等简单可视工具不同，图层提供一种更为永久的方法来对文件中对象的可见性和可选择性进行组织和管理。

图层管理器的主要功能为设置工作图层、设置图层属性、创建与编辑图层类别和查询各个图层中包含的对象个数及隐藏对象个数等。单击"菜单"→"格式"按钮，弹出图层管理下拉菜单，如图 1-15 所示。

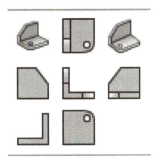

图 1-14 视图显示下拉菜单

（一）图层设置

单击"图层设置"按钮或者按 <Ctrl+L> 快捷键，系统弹出"图层设置"对话框，如图 1-16 所示。

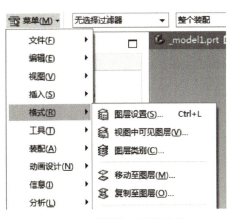

图 1-15 图层管理下拉菜单

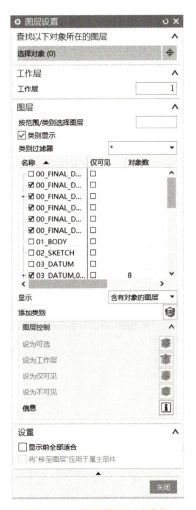

图 1-16 "图层设置"对话框

"图层设置"对话框中各参数含义如下：

（1）"工作层" 用来显示当前的工作图层，也可用来设置新的工作图层。

（2）"按范围/类别选择图层" 选择图层的范围或类别。在其后的文本框中输入图层范围或图层类别后，按 <Enter> 键，将在图层列表框中显示对应的图层。

（3）"类别显示" 用于控制图层类别，过滤显示项目。

（4）"类别列表框" 显示满足图层过滤条件的图层类别。

（5）"添加类别" 建立和编辑图层类别。

（6）"设为可选" 将指定的图层或多个图层设置为可见并可选。

（7）"设为工作层" 将指定的图层或多个图层设置为工作图层。

（8）"设为不可见" 将指定的图层或多个图层设置为不可见状态。

（9）"设为仅可见" 将指定的图层或多个图层设置为可见但不可选状态。

（二）视图中可见图层

单击"视图中可见图层"按钮，系统弹出"视图中可见图层"对话框，如图 1-17a 所示。双击选中视图模式，打开下一层级的"视图中可见图层"对话框，如图 1-17b 所示。

在"视图中可见图层"对话框中单击"重置为全局图层"按钮，则将选定的视图属性恢复为全局设置的属性值。

在"图层"列表框中选中一个或多个图层，单击"可见"按钮，可以将选中的图层设置为可见属性；单击"不可见"按钮，可以将选中的图层设置为不可见属性。

图 1-17 "视图中可见图层"对话框

(三)图层类别

图层类别管理器的功能为建立图层类别、修改已存在图层类别的名称、修改图层类别中包含的图层及其描述信息、删除已有的图层类别等。

单击"图层类别"按钮,系统弹出"图层类别"对话框,如图1-18所示。

(四)移动至图层

移动至图层操作用于将选定的对象从原来图层移动到指定的新图层,而原来的图层不再包含该对象。

单击"移动至图层",系统弹出"类选择"对话框,如图1-19所示。

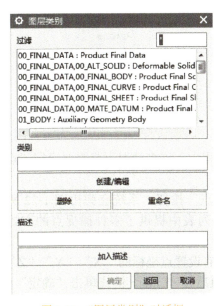

图1-18 "图层类别"对话框

图1-19 "类选择"对话框

选择需要移动的对象并单击"确定"按钮后,打开"图层移动"对话框,如图1-20所示。在"目标图层或类别"文本框中可以直接输入目标图层序号或图层类别,也可以在"图层"列表框中选择目标图层号。

(五)复制至图层

复制至图层操作用于将选定的对象从原来图层复制到指定的目标图层,使原来的图层和目标图层都包含该对象。

单击"复制至图层"按钮,系统弹出"类选择"对话框,如图1-19所示。

选择需要复制的对象并单击"确定"按钮后,打开"图层复制"对话框,如图1-21所示。在"目标图层或类别"文本框中可以直接输入目标图层序号或图层类别,也可以在"图层"列表框中选择目标图层号。

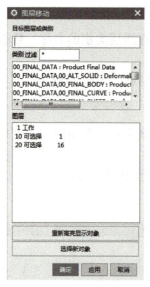
图1-20 "图层移动"对话框

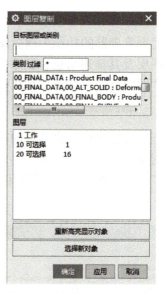
图1-21 "图层复制"对话框

六、点的构造器

点的构造器即"点"对话框。在实体建模的过程中,许多情况下都需要运用"点"对话框来定义点的位置。

单击"菜单"→"插入"→"基准/点"→"点"按钮,系统会弹出图1-22所示的"点"对话框。在"点"对话框中的"类型"下拉列表中提供了多种捕捉点的方式,如图1-23所示。

在"点"对话框中的"输出"坐标选项组中,有设置点坐标的"X""Y""Z"3个文本框。用户可以直接在文本框中输入点的坐标值后按<Enter>键或单击"确定"按钮,系统会生成设定坐标值的点。

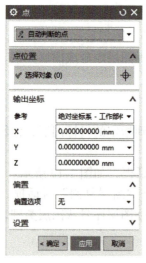
图1-22 "点"对话框

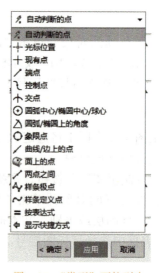
图1-23 "类型"下拉列表

七、矢量构造器

在 UG 中，当用户所应用的功能必须定义向量时，系统会弹出向量对话框以供用户定义向量。矢量构造器包含了多种定义向量的方式，如当单击"拉伸""圆柱"等特征按钮时，单击"矢量对话框"按钮，这时弹出图 1-24 所示的"矢量"下拉列表，通过单击下拉列表中的按钮从而决定矢量构造方式。

八、类选择器

"类选择"对话框也是 UG 中经常出现的对话框，很多操作中都要对"类选择"对话框进行设置。例如，隐藏对象时，可以通过单击"菜单"→"编辑"→"显示和隐藏"→"隐藏"按钮或按 <Ctrl+B> 快捷键，弹出图 1-25 所示的"类选择"对话框。在该对话框中可以通过各种过滤方式和选择方式快速选择对象，然后对对象进行隐藏操作。

图 1-24 "矢量"下拉列表

图 1-25 "类选择"对话框

九、UG NX12.0 的坐标系

在绘图的过程中，如果要精确定位某个对象的位置，则应以某个坐标系作为参照。在 UG NX12.0 中默认的创建线条的平面大部分是 XC-YC 平面，因此熟练地变换坐标系是所有建模的基础。UG NX12.0 集成环境中用户常用的坐标系包括以下三种。

（一）绝对坐标系（ACS）

原点在（0，0，0）的坐标系，用于定义实体的坐标参数，这种坐标系在文件创建时就存在，而且在使用的过程中是固定不变的，不能编辑和移动，它决定了 UG 六个基本视图和两个轴测图。

(二)基准坐标系(CSYS)

基准坐标系是自带有基准轴和基准平面的坐标系。可以作为基准的构造特征而灵活创建或删除,主要提供参考位置,可在基准坐标系中选择单个基准轴、基准平面或原点。

(三)工作坐标系(WCS)

工作坐标系也就是用户坐标系,可任意进行编辑,如显示、隐藏、移动和旋转等。单击"菜单"→"格式"→"WCS"按钮,如图1-26所示,可控制工作坐标系在视图窗口中显示与否,以及坐标原点移动、坐标轴旋转等操作。

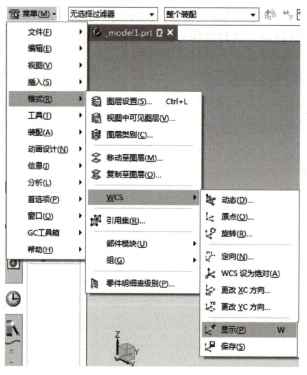

图1-26 工作坐标系操作

小提示:UG进行旋转操作时,均遵循右手定则,即右手大拇指方向为矢量方向,其余四指环绕方向为旋转正方向。

任务二 UG NX12.0 的对象操作

UG NX12.0集成环境中对象的操作主要包括对象的选择、对象的移动、对象的隐藏与恢复显示、对象的几何变换、对象的删除与恢复、对象的布尔操作等。

一、对象的选择

选择对象可以通过在绘图窗口中单击对象或在某一资源导航器中单击对象的方式实

现。也可以使用上边框条或快速拾取框来修改选择过程。对对象进行选择，还可以通过"类选择"对话框进行操作。

二、对象的移动

使用"移动对象"命令可重定位部件中的对象，也可以移动或复制模型对象。

单击"菜单"→"编辑"→"移动对象"按钮或按 <Ctrl+T> 快捷键，弹出如图 1-27 所示的"移动对象"对话框。选择需要移动的对象后，指定"变换"选项组中的"运动"方式，如图 1-28 所示，可以进行对象的移动或复制。

图 1-27 "移动对象"对话框

图 1-28 "运动"下拉列表

三、对象的隐藏与恢复显示

单击"菜单"→"编辑"→"显示和隐藏"按钮，可以从其子菜单中选择不同的选项进行对象的显示和隐藏操作，如图 1-29 所示。

"显示和隐藏"子菜单中常用子命令功能介绍如下。

（1）显示和隐藏　根据类型显示和隐藏指定的一个或多个对象。

（2）隐藏　用于隐藏指定的一个或多个对象。

（3）显示　用于将已经隐藏对象中的一个或多个指定的对象恢复显示。

图 1-29 "显示和隐藏"子菜单

（4）显示所有此类型对象　将已经隐藏的对象中符合指定属性要求的所有对象全部恢复显示。

（5）全部显示　用于将当前隐藏的所有对象全部恢复显示。

（6）按名称显示　将已经隐藏对象中符合指定名称的所有对象全部恢复显示。

（7）反转显示和隐藏　用于显示当前文件中隐藏的对象，隐藏显示的对象。

四、对象的几何变换

单击"菜单"→"编辑"→"变换"按钮，然后选择需要变换的对象并单击"确定"按钮，系统会弹出"变换"对话框。如图 1-30 所示。

图 1-30 "变换"对话框

"变换"对话框中各种变换方式介绍如下。

（1）比例　将选定的对象相对于指定参考点成比例放大或缩小尺寸，选定的对象在参考点处不移动。

（2）通过一直线镜像　将选定的对象相对于指定的参考直线，在参考直线的相反侧建立原对象的一个镜像。

（3）矩形阵列　将选定对象从指定的阵列原点出发，沿坐标系 X 轴和 Y 轴方向建立一个等间距的矩形阵列。

（4）圆形阵列　将选定对象从指定的阵列原点出发，绕阵列原点建立一个等角间距的环形阵列。即系统先将对象复制到阵列原点，然后绕原点建立阵列。

（5）通过一平面镜像　将选定对象相对于指定参考平面做镜像，在对象的相反侧建立新对象。

（6）点拟合　通过将对象从一组参考点变换到另一组来重定位、缩放和剪切对象。

五、对象的删除与恢复

对象的删除操作有以下 4 种方法。

1）单击"菜单"→"编辑"→"删除"按钮，然后选择需要删除的对象并单击"确定"按钮。

2）按 <Ctrl+D> 快捷键，然后选择需要删除的对象并单击"确定"按钮。

3）选定需要删除的对象后，按 <Del> 键。

4）选定需要删除的对象后，单击弹出的浮动工具条中的删除按钮✘。

以上操作用于从模型中永久删除选中的对象，如曲线、实体、标注尺寸等。但所选中的对象必须是独立存在的，当选定的对象被其他对象引用时则不能被删除，如由曲线拉伸成的实体，在删除实体以前，曲线是不可以被删除的。

如果删除对象后还没有进行文件保存，可以进行恢复操作；一旦进行了文件保存，对象就无法恢复。对象恢复操作如下：单击"菜单"→"编辑"→"撤销"按钮或按 <Ctrl+Z> 快捷键。

六、对象的布尔操作

布尔操作是用来处理实体造型中两个或多个实体的组合关系,包括合并(求和)、减去(求差)和相交(求交)3种运算操作。

单击"菜单"→"插入"→"组合"→"合并"("减去"或"相交")按钮,如图1-31所示,系统会弹出"合并"("减去"或"相交")对话框,如图1-32所示。

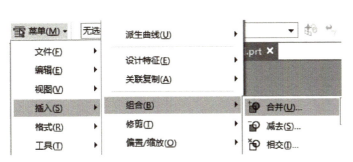

图1-31 布尔操作　　　　　　　　　　图1-32 "合并"对话框

(1)合并(求和)　将两个或多个工具实体组合为一个目标体。目标体和工具体必须具备重叠或有共享面,这样才能生成有效的组合实体,如图1-33所示。

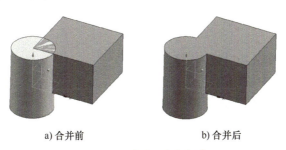

a)合并前　　　　　　b)合并后

图1-33 "合并"布尔操作

(2)减去(求差)　将目标体减除一个或多个工具体实体,目标体和工具体必须具备重叠部分,这样才能完成"减去"布尔操作,如图1-34所示。

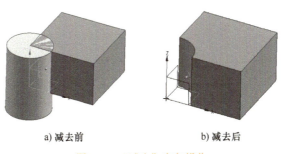

a)减去前　　　　　　b)减去后

图1-34 "减去"布尔操作

（3）相交（求交） 使目标实体与工具实体相交部分成为一个新的实体，目标体和工具体必须具备重叠部分，这样才能完成"相交"布尔操作，如图 1-35 所示。

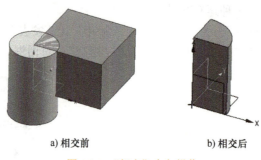

a）相交前　　　　　　b）相交后

图 1-35 "相交"布尔操作

该项目主要介绍了 UG NX12.0 软件的基本操作，通过该项目的学习，熟悉 UG NX12.0 的文件管理，掌握鼠标和键盘在软件应用中的使用方法，学会图层管理，学会点构造器和矢量构造器的使用，熟练掌握对象选择、对象移动、对象隐藏与恢复、对象删除与恢复、对象布尔操作等对象操作功能。

1. 启动和退出 UG NX12.0 操作环境。
2. 练习 UG NX12.0 中鼠标的使用。
3. 练习 UG NX12.0 中键盘快捷键的使用。
4. 使用 UG NX12.0 新建文件、保存文件、关闭文件、打开文件。
5. 练习 UG NX12.0 的图层管理。

项目二

曲线绘制

本项目主要讲解 UG NX12.0 的曲线绘制功能。在学习的过程中应重点掌握直线、圆弧、圆、圆角、曲线编辑等几何图形的绘制方法及技巧,这将会提高三维建模的设计效率。

教学重点和难点:空间曲线与文本曲线的操作与编辑。

知识目标

1)熟练运用基本曲线中的命令。
2)掌握平面曲线、空间曲线和文本曲线的创建方法。
3)掌握曲线操作与曲线编辑功能。
4)综合运用各种方法创建编辑曲线。

能力目标

1)具备曲线绘制命令的应用能力。
2)具备二维绘图能力。
3)具备曲线编辑能力。
4)具备综合运用各种方法创建、编辑曲线的能力。

素养目标

1)培养学生对国家标准的认知能力。
2)培养学生遵纪守法的职业美德与勇于担当的职业意识。

任务一 简单平面曲线的绘制

曲线是 UG 建模的基础,利用 UG 的曲线功能可以创建点、直线、圆弧、样条曲线和文本曲线等。单击选项卡中的"曲线"按钮,打开"曲线"选项卡,如图 2-1 所示。

图 2-1 "曲线"选项卡

下面通过简单平面图形实例介绍曲线绘制功能的使用。

一、实例分析

本实例主要是利用曲线命令绘制图 2-2 所示的简单平面图形。该图形主要由线段、圆弧(圆角)、圆组成,$R8mm$ 圆弧和 $\phi10mm$ 圆同心,图形为左右对称结构。

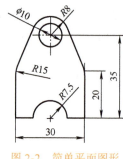

图 2-2 简单平面图形

二、操作步骤

(一)新建文件

在 UG NX12.0 的初始窗口中单击"文件"→"新建"按钮,或按 <Ctrl+N> 快捷键,弹出"新建"对话框。在"模板"列表中选择"模型","单位"设置为"毫米",输入文件名称为"平面曲线.prt",并在"文件夹"中选择保存路径,单击"确定"按钮,进入 UG 用户主窗口。

(二)绘制 $R7.5mm$ 的圆

单击"曲线"工具栏中的"圆弧/圆"按钮,或单击"菜单"→"插入"→"曲线"→"圆弧/圆"按钮。在创建类型下拉列表中选择"从中心开始的圆弧/圆",选择原点(0,0,0)作为圆的中心;设置"终点选项"为"半径";输入"半径"为"7.5mm";设置"平面选项"为"选择平面",并指定"支持平面"为 XC-YC 平面(UG 系统中通常默认工作平面为 XC-YC 平面);勾选"限制"选项组中的"整圆"复选框,单击"确定"或"应用"按钮,完成 $R7.5mm$ 圆的绘制,如图 2-3 所示。

(三)绘制 $\phi10mm$ 和 $R8mm$ 两个同心圆

同步骤(二),在创建类型下拉列表中选择"从中心开始的圆弧/圆",选择原点(0,35,0)作为圆的中心;设置"终点选项"为"直径";输入"直径"为"10mm";设置"平面选项"为"选择平面",并指定"支持平面"为 XC-YC 平面;勾选"限制"选项组中的"整圆"复选框,单击"确定"或"应用"按钮,完成 $\phi10mm$ 圆的绘制。重复以上操作,完成 $R8mm$ 同心圆的绘制,如图 2-4 所示。

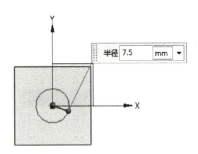

图 2-3 绘制 $R7.5\text{mm}$ 的圆

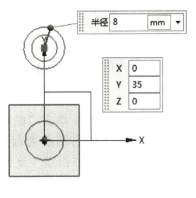

图 2-4 绘制 $\phi 10\text{mm}$ 和 $R8\text{mm}$ 的同心圆

（四）绘制直线

1）绘制长 7.5mm 的水平线。单击"曲线"工具栏的"直线"按钮╱，打开"直线"对话框，以坐标值（7.5，0，0）为直线起点；"终点选项"设置为"XC 沿 XC"；"平面选项"设置为"选择平面"，并指定"支持平面"为 XC-YC 平面；设置"限制"选项组中的"起始限制"为"在点上"，起始"距离"为"0mm"，"终止限制"为"值"，终止"距离"为"7.5mm"，单击"确定"或"应用"按钮，完成 7.5mm 水平线的绘制，如图 2-5 所示。

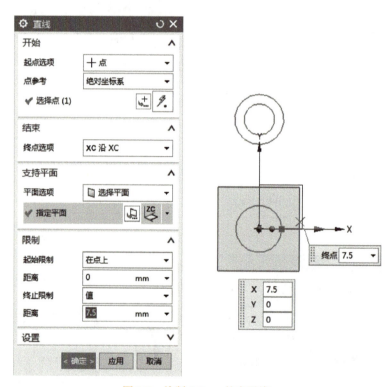

图 2-5　绘制 7.5mm 的水平线

2）绘制长 20mm 的竖直线。单击"曲线"工具栏的"直线"按钮╱，打开"直线"对话框，捕捉 7.5mm 水平线的右端点为起点；"终点选项"设置为"YC 沿 YC"；"平面选项"设置为"选择平面"，并指定"支持平面"为 XC-YC 平面；设置"限制"选项组中的"起始限制"为"在点上"，起始"距离"为"0mm"，"终止限制"为"值"，终止"距离"为"20mm"，单击"确定"或"应用"按钮，完成 20mm 竖直线的绘制，如图 2-6 所示。

3）绘制相切的过渡直线。单击"曲线"工具栏的"直线"按钮╱，打开"直线"对话框，捕捉 20mm 竖直线的上端点为起点；"终点选项"设置为"⌒相切"；"平面选项"设置为"选择平面"，并指定"支持平面"为 XC-YC 平面；设置"限制"选项组中的"起始限制"为"在点上"，起始"距离"为"0mm"，"终止限制"为"在点上"，终止"距离"为默认值，单击"确定"或"应用"按钮，完成相切的过渡直线绘制，如图 2-7 所示。

项目二 曲线绘制

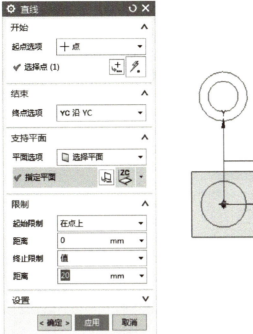
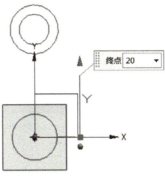

图 2-6 绘制 20mm 的竖直线

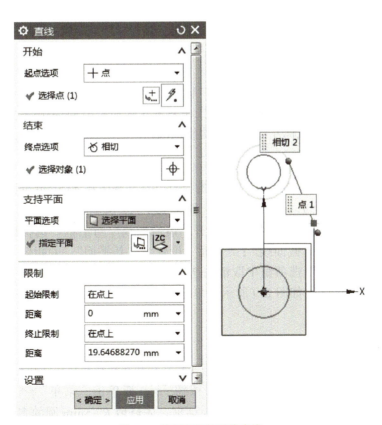

图 2-7 绘制相切的过渡直线

(五) 曲线倒圆角

对 20mm 竖直线和相切的过渡线倒 R15mm 的圆角。

单击"菜单"→"插入"→"曲线"→"基本曲线（原有）"按钮，系统会弹出"基本曲线（原有）"对话框；在该对话框中单击"倒圆角"按钮，系统会弹出"曲线倒圆"对话框；选择第一种"简单圆角"方法，输入"半径"为"15"，移动鼠标光标使圆圈同时选中两直线，且光标十字中心置于两直线的夹角内，如图 2-8 所示，单击鼠标左键，完成曲线倒圆角。

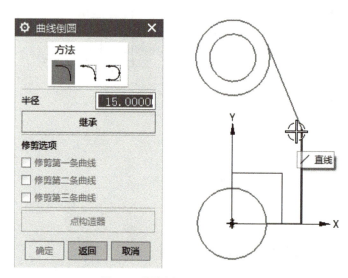

图 2-8　曲线倒 R15mm 的圆角

如果选择第二种"2 曲线圆角"方法，输入"半径"为"15"，选择 20mm 竖直线作为第一个对象，选择相切过渡直线作为第二个对象（逆时针方向为正），大概圆心位置在两直线的夹角内侧，单击鼠标左键，完成曲线倒圆角。

(六) 镜像曲线

镜像 7.5mm 的水平线、20mm 的竖直线、相切的过渡线及 R15mm 的圆角。

单击"派生曲线"工具栏中的"镜像曲线"按钮，或单击"菜单"→"插入"→"派生曲线"→"镜像"按钮，打开"镜像曲线"对话框。选择以上三条直线及 R15mm 圆角为要镜像的"截面线"；"平面"设置为"新平面"，并指定"镜像平面"为 YC-ZC 平面；在"设置"选项组中取消勾选"关联"复选项，设置"输入曲线"为"保留"，完成曲线镜像编辑，如图 2-9 所示。单击"确定"或"应用"按钮，完成镜像曲线，效果如图 2-10 所示。

(七) 修剪多余曲线

修剪 R7.5mm 和 R8mm 圆多余的线段。

单击"编辑曲线"工具栏的"修剪"按钮，或单击"菜单"→"编辑"→"曲线"→"修剪"按钮，打开"修剪曲线"对话框。先修剪 R7.5mm 圆的多余线段，要修剪的曲线为下半圆弧；"边界对象"分别选择两侧水平线；设置"操作"为"修剪"，"方向"

为"最短的 3D 距离",点选"放弃";设置"输入曲线"为"删除","曲线延伸"为"自然",如图 2-11 所示。单击"确定"或"应用"按钮,完成多余线段的修剪。重复以上操作,完成 R8mm 圆多余线段的修剪。

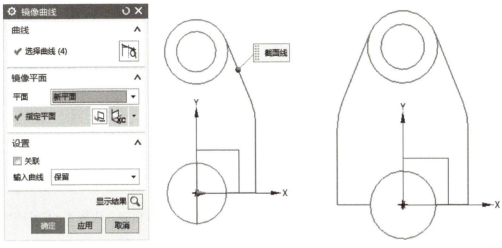

图 2-9　曲线镜像编辑　　　　　　　　　图 2-10　镜像曲线效果

简单平面图形的最终效果图,如图 2-12 所示。

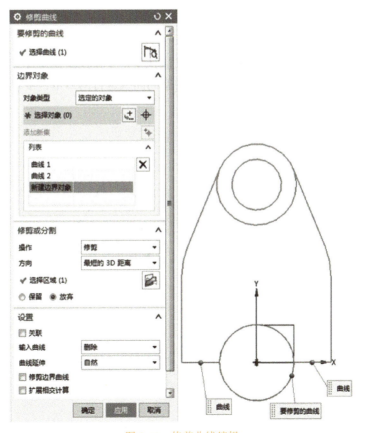

图 2-11　修剪曲线编辑

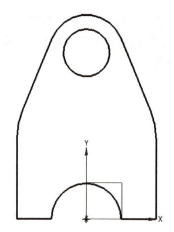

图 2-12　简单平面图形最终效果图

（八）保存文件

单击"文件"→"保存"按钮，或单击标题栏中的"保存"按钮，或按下 <Ctrl+S> 快捷键，保存所绘制的平面图形。

任务二　空间曲线绘制

一、实例分析

本实例为绘制图 2-13 所示的空间曲线。通过简单的空间曲线的绘制，介绍如何绘制平行于坐标轴的直线、指定角度的直线，以及如何对空间曲线进行倒圆角、移动和复制等操作。

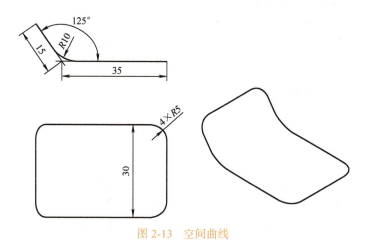

图 2-13　空间曲线

二、操作步骤

（一）新建文件

在 UG NX12.0 的初始窗口中单击"文件"→"新建"按钮，弹出"新建"对话框，在"模板"列表中选择"模型"，"单位"设置为"毫米"，输入文件名称为"空间曲线.prt"，并在"文件夹"中选择保存路径，单击"确定"按钮，进入UG用户主窗口。

（二）绘制长35mm和长15mm的直线

1）绘制长35mm的直线。单击"曲线"工具栏的"直线"按钮，打开"曲线"对话框，以坐标原点（0,0,0）为直线起点；"终点选项"设置为"XC沿XC"；"平面选项"设置为"选择平面"，并指定"支持平面"为XC-YC平面；设置"限制"选项组中的起始限制为"在点上"，起始"距离"为"0mm"，终止"限制"为"值"，终止"距离"为"35mm"，单击"确定"或"应用"按钮，完成35mm直线的绘制，如图2-14所示。

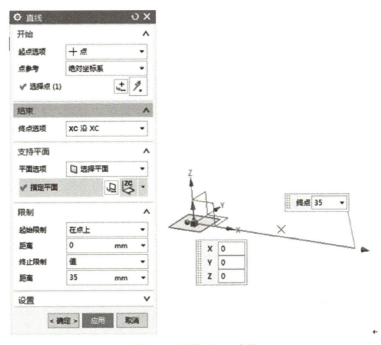

图2-14　绘制35mm直线

2）绘制长15mm的直线。重复步骤1），以坐标原点（0,0,0）为直线起点；"终点选项"设置为"成一角度"，设置"选择对象"为刚绘制的35mm直线，"角度"为"-125°"（**注**：角度方向符合右手定则）；"平面选项"设置为"选择平面"，并指定"支持平面"为XC-ZC平面；设置"限制"选项组中的"起始限制"为"在点上"，起始"距离"为"0mm"，"终止限制"为"值"，终止"距离"为"35mm"，如图2-15所示。单击"确定"或"应用"按钮，完成15mm直线的绘制。

（三）曲线倒圆角

对35mm直线和15mm直线的交角倒圆角。

单击"菜单"→"插入"→"曲线"→"基本曲线（原有）"按钮，系统会弹出"基本曲线"对话框。在该对话框中单击"圆角"按钮，系统会弹出"曲线倒圆"对话框。

选择第一种"简单圆角"方法,输入"半径"为"10",移动鼠标光标使圆圈同时选中两直线,并且把光标十字中心置于两直线的夹角内位置,如图2-16所示。单击鼠标左键,完成曲线倒圆角。

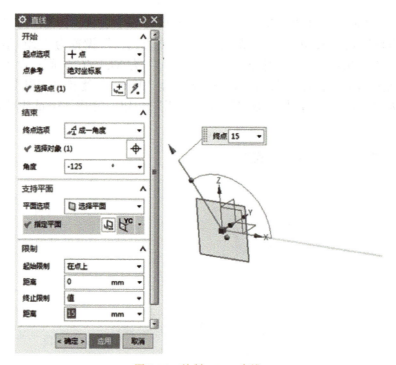

图 2-15　绘制 15mm 直线

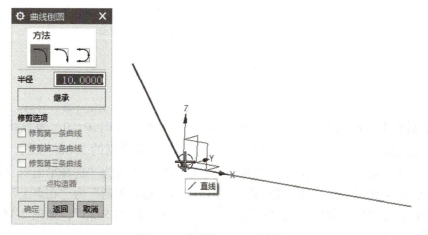

图 2-16　曲线倒 R10mm 圆角

（四）移动复制曲线

单击"菜单"→"编辑"→"移动对象"按钮,或按<Ctrl+T>快捷键,打开"移动对象"对话框。选择刚绘制的两条直线及圆角为移动对象；设置"运动"为"距离","指定矢量"为Y轴正方向,"距离"为"30mm"；在"结果"选项组中,点选"复制原先的",设置"非关联副本数"为"1",其他项为默认即可,如图 2-17 所示。单击"确定"或"应用"按钮,完成曲线的移动复制。

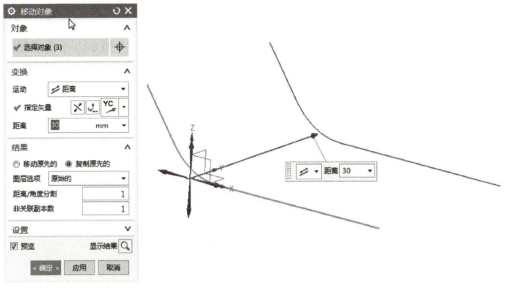

图 2-17 移动复制曲线

(五)绘制连接直线

分别连接以上刚绘制曲线的端点,使其成为封闭的空间曲线。

单击"曲线"工具栏中的"直线"按钮,打开"直线"对话框。分别捕捉曲线的端点,绘制连接直线,如图 2-18 所示。

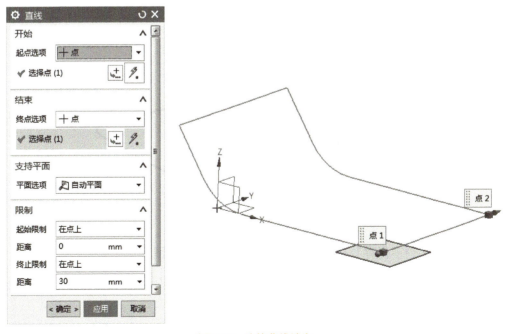

图 2-18 连接曲线端点

(六) 四个角倒 R5mm 圆角

单击"菜单"→"插入"→"曲线"→"基本曲线（原有）"按钮，系统会弹出"基本曲线"对话框。在该对话框中单击"圆角"按钮，系统会弹出"曲线倒圆"对话框。选择第一种"简单圆角"方法，输入"半径"为"5"，移动鼠标光标使圆圈同时选中两条直线，并且把光标十字中心置于两直线的夹角内位置，如图 2-19 所示。单击鼠标左键，分别完成四个角倒 R5mm 圆角。

空间曲线最终效果图，如图 2-20 所示。

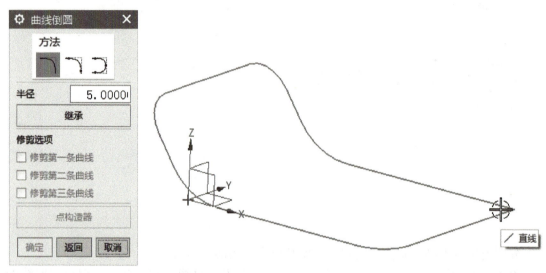

图 2-19　四个角倒 R5mm 圆角

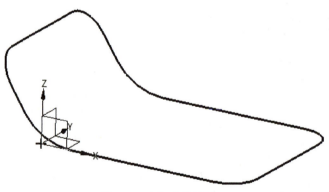

图 2-20　空间曲线效果图

(七) 保存文件

单击"文件"→"保存"按钮，保存所绘制的空间曲线图形。

项目二　曲线绘制

任务三　文本曲线绘制

一、实例分析

本实例是使用"文本"命令根据本地 Windows 字体库中的"华文仿宋"字体生成图 2-21 所示文本曲线。利用文本曲线可以进行拉伸、旋转等三维实体建模操作。

图 2-21　文本曲线

二、操作步骤

（一）新建文件

在 UG NX12.0 的初始窗口中单击"文件"→"新建"按钮，弹出"新建"对话框。在"模板"列表中选择"模型"，"单位"设置为"毫米"，输入文件名称为"文本曲线.prt"，并在"文件夹"中选择保存路径，单击"确定"按钮，进入 UG 用户主窗口。

（二）打开"文本"对话框

单击"菜单"→"插入"→"曲线"→"文本"按钮 A 文本，如图 2-22 所示。打开"文本"对话框，如图 2-23 所示。

图 2-22　"曲线"菜单

图 2-23　"文本"对话框

分别设置"文本"对话框中的相关选项。类型设置为"平面副";在"文本属性"文本框中输入"UG NX12.0实例教程","线型"设置为"华文仿宋","脚本"设置为"GB2312","字型"默认为"常规";设置"锚点位置"为"中下","指定点"为坐标原点(0,0,0),默认"指定坐标系";输入"长度"为"80mm","宽度"为"10mm",默认其他选项,如图2-24所示。单击"确定"或"应用"按钮,完成文本曲线的编辑。利用"拉伸"命令对所有文本曲线进行3mm厚度的拉伸,效果如图2-25所示。

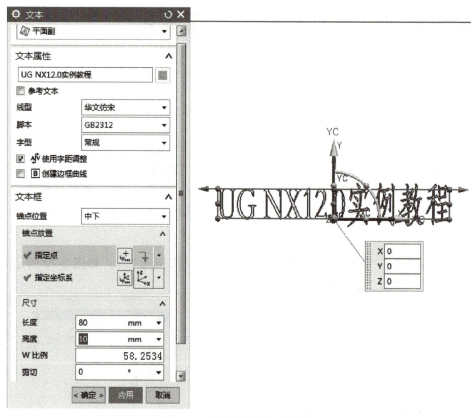

图2-24 设置"文本"对话框

图2-25 文本曲线拉伸效果

(三)保存文件

单击"文件"→"保存"按钮,保存所绘制的文本曲线文件。

小 结

本项目主要介绍了 UG NX12.0 的曲线绘制，包括简单平面图形的曲线绘制、简单空间曲线的绘制和文本曲线的绘制；介绍了"直线""圆弧/圆""基本曲线""曲线镜像""曲线移动""曲线圆角"和"曲线修剪"等命令；分析了简单二维图形和空间曲线的一般创建步骤；介绍了文本曲线的编辑及其应用。

巩固练习

完成图 2-26 ～图 2-32 所示的曲线绘制及文本曲线的创建。

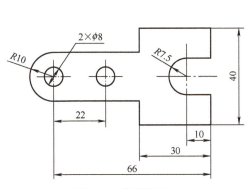

图 2-26 曲线练习一

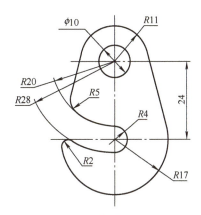

图 2-27 曲线练习二

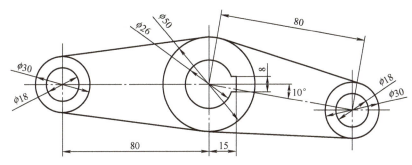

图 2-28 曲线练习三

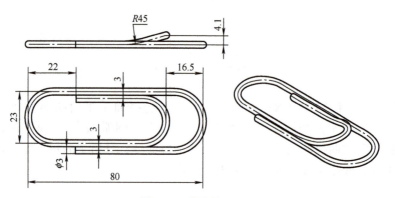

图 2-29　曲线练习四

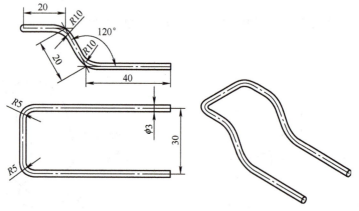

图 2-30　曲线练习五

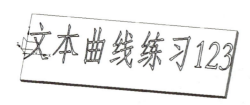

图 2-31　曲线练习六

（文本曲线练习123）

图 2-32　曲线练习七

项目三

草图编辑

本项目通过实例来讲解绘制草图的基本方法和技巧。草图是有约束的一组二维曲线,通常被用作 UG 三维实体建模的基础,如拉伸、旋转、扫掠等操作,在三维实体建模中占有很重要的地位。在进行三维实体建模过程中一定要养成绘制二维草图的好习惯,熟练掌握草图的常用功能。绘制二维草图时,一般先绘制轮廓线或截面线,然后对其进行约束、编辑和修改,最后完成二维草图的绘制。

教学重点和难点:草图的工作平面选择,草图的约束操作。

知识目标

1)掌握草图环境预设置的方法。
2)熟悉绘制草图的各种命令与技巧。
3)掌握草图绘制的尺寸约束与几何约束的操作方法。
4)掌握进入草图与完成草图的操作方法。

能力目标

1)具备草图绘制步骤的设计能力。
2)具备绘制和编辑草图的能力。
3)具备灵活应用二维草图来创建三维实体的操作能力。

任务一 垫片零件草图编辑

一、实例分析

本实例为绘制图 3-1a 所示的垫片零件草图。该零件草图中间有一个 $\phi 55mm$ 的圆和两段 $R36mm$ 的圆弧同心,对称两侧分别有同心的 $\phi 20mm$ 的圆和 $R16mm$ 的圆弧,它们的中心距为 100mm,$R36mm$ 和 $R16mm$ 圆弧分别由相切的直线圆滑连接。

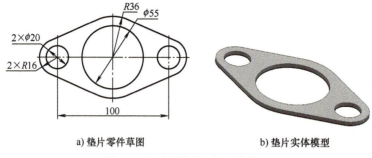

a)垫片零件草图　　　　　　　b)垫片实体模型

图 3-1　垫片零件草图与实体模型

本实例将介绍草图曲线绘制及编辑命令，如图 3-2 所示；尺寸约束和几何约束命令，如图 3-3 所示；如何进行草图线快速修剪编辑、草图曲线镜像等操作。

图 3-2　草图曲线绘制及编辑命令

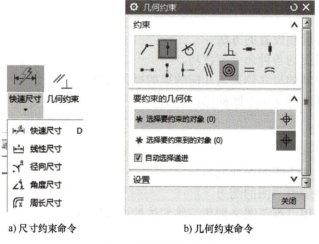

a)尺寸约束命令　　　　　　　b)几何约束命令

图 3-3　草图曲线约束命令

二、操作步骤

（一）新建文件

在 UG NX12.0 的初始窗口中单击"文件"→"新建"按钮，弹出"新建"对话框。在"模板"列表中选择"模型"，设置"单位"为"毫米"，输入文件名称为"垫片零件草图 .prt"，并在"文件夹"中选择保存路径，单击"确定"按钮，进入 UG 用户主窗口。

（二）进入草图工作环境

单击"菜单"→"插入"→"在任务环境中绘制草图"按钮，或单击"直接草图"

按钮 ![], 系统弹出"创建草图"对话框, 如图 3-4 所示。设置"草图类型"为"在平面上";"草图平面"指定为 XC–YC 平面;设置"草图方向"中的"参考"为"水平",并指定"XC"为草图矢量方向;"草图原点"指定为坐标原点(0,0,0)。单击"确定"按钮,进入草图工作环境。

注:设置"连续自动标注尺寸" ![] 功能为关闭状态。

图 3-4 "创建草图"对话框

(三) 绘制 φ55mm 和 φ72mm (R36mm) 两个同心圆

单击"圆"按钮 ○, 并选择"圆心和直径定圆"绘圆方法, 移动鼠标光标捕捉到坐标原点作为圆的圆心, 输入"直径"为"55", 按 <Enter> 键, 完成 φ55mm 圆的绘制。接着完成 φ72mm 同心圆的绘制, 如图 3-5 所示。

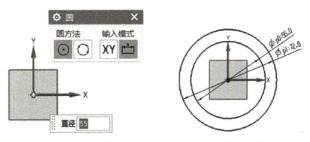

图 3-5 绘制 φ55mm 和 φ72mm 两个同心圆

(四) 绘制 φ20mm 和 φ32mm (R16mm) 两个同心圆

单击"圆"按钮 ○, 并选择"圆心和直径定圆"绘圆方法, 在坐标原点左侧附近位置单击鼠标左键设置圆心, 输入"直径"为"20", 按 <Enter> 键, 完成 φ20mm 圆的绘制。接着完成 φ32mm 同心圆的绘制，如图 3-6 所示。

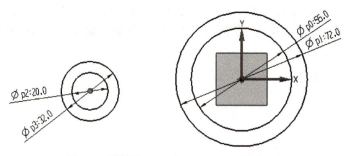

图 3-6　绘制 φ20mm 和 R16mm 两个同心圆

（五）约束 φ20mm 和 φ32mm（R16mm）两个同心圆

1）约束 X 方向的 50mm 线性尺寸。单击"快速尺寸"下拉菜单中的"线性尺寸"按钮，弹出"线性尺寸"对话框，选择第一个对象为 φ20mm 圆的圆心，选择第二个对象为 Y 轴（或坐标原点），拖动鼠标光标到适当位置，单击鼠标左键，指定放置尺寸位置，修改尺寸为"50mm"，默认其余选项设置。单击鼠标中键确认，或直接关闭"线性尺寸"对话框，如图 3-7 所示。

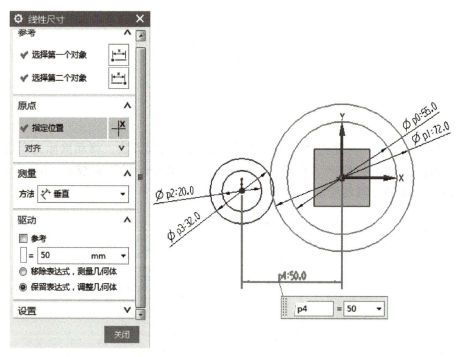

图 3-7　约束 φ20mm 和 R16mm 两个同心圆 X 方向尺寸

2）约束 φ20mm 和 φ32mm（R16mm）两个同心圆的圆心在 X 轴上。单击"几何约束"按钮，打开"几何约束"对话框。选择"点在曲线上"命令，选择要约束的对象为 φ20mm 圆的圆心，选择要约束到的对象为 X 轴，效果如图 3-8 所示。

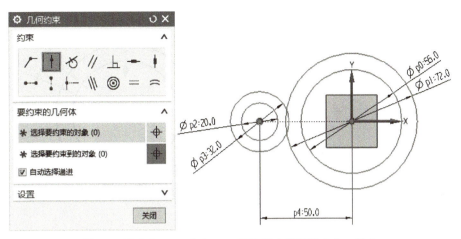

图 3-8 约束 φ20mm 和 φ32mm 两个同心圆的圆心在 X 轴上

(六) 绘制相切过渡线

单击"直线"按钮 ✎，移动鼠标光标分别捕捉 φ72mm 和 φ32mm 圆的轮廓边，并使直线与圆弧相切，如图 3-9 所示。单击鼠标中键确认，完成相切线绘制。

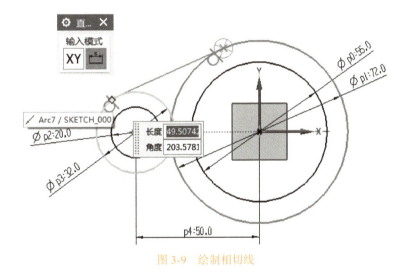

图 3-9 绘制相切线

(七) 镜像相切线

单击"镜像曲线"按钮 ，打开"镜像曲线"对话框。"要镜像的曲线"选择刚绘制的相切线，"中心线"选择 X 轴，如图 3-10 所示。单击"确定"或"应用"按钮，完成草图曲线镜像。

(八) 镜像两条相切线、φ20mm 和 φ32mm 圆

重复步骤 (七)，"要镜像的曲线"选择两条相切线、φ20mm 和 φ32mm 圆，"中心线"选择 Y 轴，如图 3-11 所示。单击"确定"或"应用"按钮，完成草图曲线镜像。

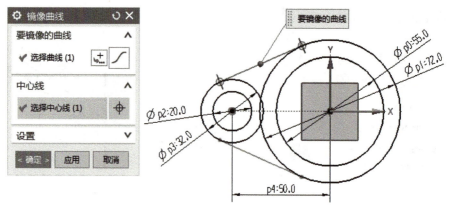

图 3-10　镜像相切线

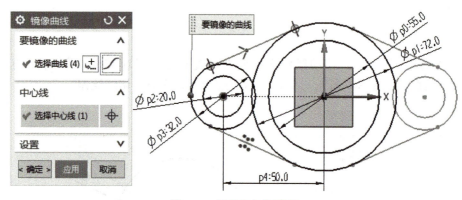

图 3-11　镜像相切线及圆

（九）修剪多余线段

单击"快速修剪"按钮，打开"快速修剪"对话框。选中需要修剪的多余线段，如图 3-12 所示。单击鼠标中键确认，或直接关闭"快速修剪"对话框，完成多余线段修剪。

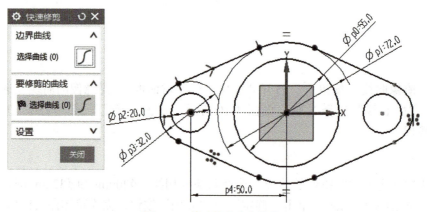

图 3-12　快速修剪多余线段

（十）完成草图

单击"完成草图"按钮 ，完成草图绘制。完成的草图效果如图 3-13 所示。

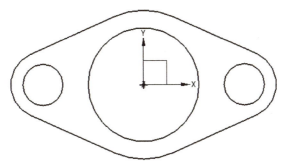

图 3-13　垫片零件草图效果

（十一）保存文件

单击"文件"→"保存"按钮，保存所绘制的垫片零件草图文件。

任务二　端盖零件草图编辑

一、实例分析

本实例为绘制图 3-14 所示的端盖零件草图。该零件草图为一圆形结构，外径为 ϕ100mm，圆周均匀布置有三个 ϕ15mm 的圆及三个同心的 R15mm 圆弧，它们的圆心在 ϕ90mm 的圆弧上，中间有一个 ϕ60mm 的圆。

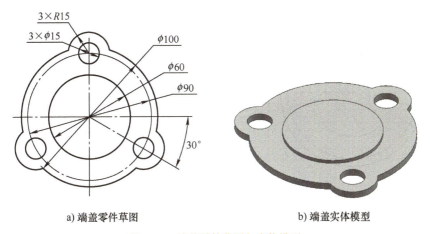

a) 端盖零件草图　　　　　　　　b) 端盖实体模型

图 3-14　端盖零件草图与实体模型

本实例通过草图平面曲线的绘制，介绍"圆""快速尺寸""几何约束""阵列曲线"和"快速修剪"等命令。

二、操作步骤

（一）新建文件

在 UG NX12.0 的初始窗口中单击"文件"→"新建"按钮，弹出"新建"对话框。在"模板"列表中选择"模型"，设置"单位"为"毫米"，输入文件名称为"端盖零件草图.prt"，并在"文件夹"中选择保存路径，单击"确定"按钮，进入 UG 用户主窗口。

（二）进入草图工作环境

单击"菜单"→"插入"→"在任务环境中绘制草图"按钮，或单击"直接草图"按钮，系统弹出"创建草图"对话框。设置"草图类型"为"在平面上"；"草图平面"指定为 XC-YC 平面；设置"草图方向"中的"参考"为"水平"，并指定"XC"为草图矢量方向；草图原点指定为坐标原点（0，0，0）。单击"确定"按钮，进入草图工作环境。

注：设置"连续自动标注尺寸"功能为关闭状态。

（三）绘制 φ60mm、φ90mm、φ100mm 的三个同心圆

单击"圆"按钮○，并选择"圆心和直径定圆"绘圆方法，移动鼠标光标捕捉到坐标原点作为圆的圆心，输入"直径"为"60"，按 <Enter> 键，完成 φ60mm 圆的绘制。接着完成 φ90mm 和 φ100mm 同心圆的绘制，如图 3-15 所示。

（四）绘制与 X 轴成 30° 辅助线

单击"直线"按钮，按钮，以坐标原点为起点绘制直线，并利用"快速尺寸"下拉菜单中的"角度尺寸"命令约束直线与 X 轴成 30°，利用"几何约束"对话框中的"点在曲线上"命令约束终止点在 φ100mm 圆上，如图 3-16 所示。

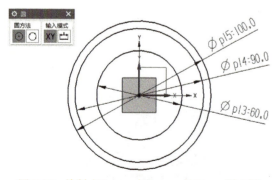

图 3-15　绘制 φ60mm、φ90mm、φ100mm 同心圆

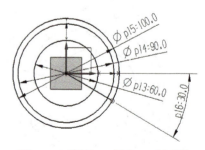

图 3-16　绘制与 X 轴成 30° 辅助线

（五）绘制 φ15mm、φ30mm 的两个同心圆

单击"圆"按钮○，并选择"圆心和直径定圆"绘圆方法，单击捕捉工具栏中的"相交"按钮，如图 3-17 所示。移动鼠标光标捕捉到与 X 轴成 30° 辅助线和 φ90mm 圆的交点作为 φ15mm 圆的圆心，输入"直径"为"15"，按 <Enter> 键，完成 φ15mm 圆的绘制。接着完成 φ30mm 同心圆的绘制，如图 3-18 所示。

图3-17　捕捉工具栏

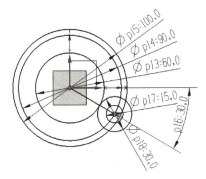

图3-18　绘制φ15mm、φ30mm的两个同心圆

（六）阵列φ15mm、φ30mm的两个同心圆

单击"阵列"按钮 ，系统弹出"阵列曲线"对话框。选择"要阵列的曲线"为φ15mm和φ30mm圆；"布局"设置为"圆形"，设置"旋转点"为坐标原点，"间距"为"数量和间隔"，"数量"为"3"，"节距角"为"120°"，如图3-19所示。单击"确定"或"应用"按钮，完成草图曲线阵列。

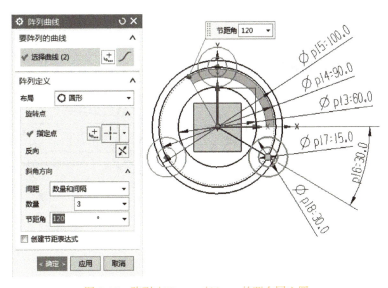

图3-19　阵列φ15mm、φ30mm的两个同心圆

（七）修剪多余线段

单击"快速修剪"按钮 ，打开"快速修剪"对话框，选中需要修剪的多余线段，如图3-20所示。单击鼠标中键确认，或直接关闭"快速修剪"对话框，完成多余线段修剪。

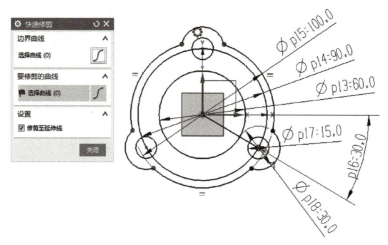

图 3-20　修剪多余线段

（八）把 φ90mm 辅助圆和与 X 轴成 30° 辅助线设置为细点画线

单击"菜单"→"编辑"→"对象显示"按钮，或按 <Ctrl+J> 快捷键，在弹出的"类选择"器中选择 φ90 辅助圆和与 X 轴成 30° 辅助线，单击"确定"按钮，打开"编辑对象显示"对话框。设置刚选中的辅助线为虚线类型，"宽度"为"0.35mm"，默认其他选项，如图 3-21 所示。单击"确定"或"应用"按钮，完成草图曲线对象显示设置。

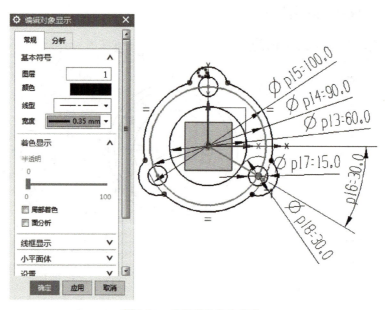

图 3-21　设置辅助线为虚线

（九）完成草图

单击"完成草图"按钮，完成草图绘制。完成的草图效果如图 3-22 所示。

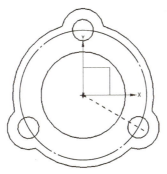

图 3-22 端盖零件草图效果

（十）保存文件

单击"文件"→"保存"按钮，保存所绘制的端盖零件草图文件。

任务三　挂钩零件草图编辑

一、实例分析

本实例为绘制图 3-23 所示的挂钩零件草图。该草图结构多为圆弧连接，绘制时先绘制圆再修剪多余线段。

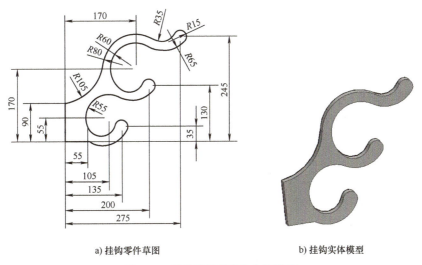

a) 挂钩零件草图　　　　　　　　b) 挂钩实体模型

图 3-23　挂钩零件草图与实体模型

本实例主要练习绘制轮廓线、绘制圆、约束草图、快速修剪多余线段。

二、操作步骤

（一）新建文件

在 UG NX12.0 的初始窗口中单击"文件"→"新建"按钮，弹出"新建"对话框。

在"模板"列表中选择"模型",设置"单位"为"毫米",输入文件名称为"挂钩零件草图.prt",并在"文件夹"中选择保存路径,单击"确定"按钮,进入UG用户主窗口。

(二)进入草图工作环境

单击"菜单"→"插入"→"在任务环境中绘制草图"按钮,系统弹出"创建草图"对话框。设置"草图类型"为"在平面上";"草图平面"指定为XC-YC平面;设置"草图方向"中的"参考"为"水平",并指定"XC"为草图矢量方向;草图原点指定坐标原点(0,0,0)。单击"确定"按钮,进入草图工作环境。

注: 设置"连续自动标注尺寸" 功能为关闭状态。

(三)绘制两轮廓直线

单击"轮廓"按钮,绘制图3-24所示的轮廓直线,并利用"几何约束"对话框中的"共线"约束水平线与XC轴、竖直线与YC轴。

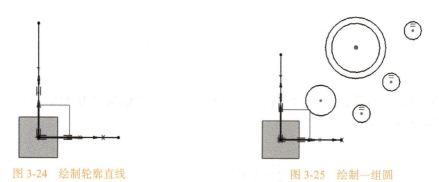

图3-24 绘制轮廓直线　　　　　图3-25 绘制一组圆

(四)绘制一组同心圆和4个小圆

单击"圆"按钮,按图3-23a所示位置绘制一组同心圆和4个小圆,并利用"几何约束"对话框中的"等半径" 约束其中的3个小圆,如图3-25所示。

(五)草图尺寸约束

单击"快速尺寸"按钮,打开"快速尺寸"对话框,然后对草图中的曲线进行尺寸约束,如图3-26所示。

(六)绘制连接圆弧

单击"圆弧"按钮,绘制图3-27所示的圆弧,约束3个R35mm的圆弧等半径,3个R65mm的圆弧等半径,并均与相接的圆相切,下方R65mm圆弧的一个端点与水平线端点重合,R105mm圆弧的两个端点分别在ϕ160mm的圆和竖直线上,并与圆相切,一个端点与竖直线的端点重合。

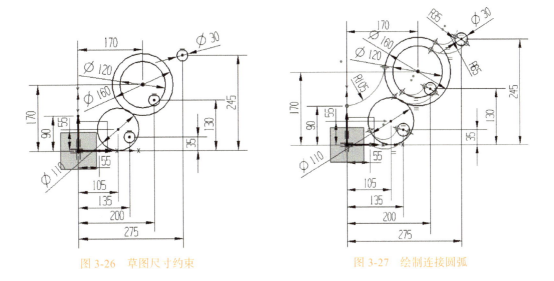

图 3-26 草图尺寸约束　　　　　图 3-27 绘制连接圆弧

(七) 修剪多余线段

单击"快速修剪"按钮 ，打开"快速修剪"对话框。选中需要修剪的多余线段，如图 3-28 所示。单击鼠标中键确认，或直接关闭"快速修剪"对话框，完成多余线段修剪。

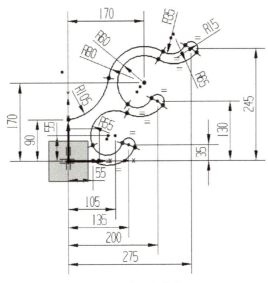

图 3-28 修剪多余线段

(八) 完成草图

单击"完成草图"按钮 ，完成草图绘制。完成的草图效果如图 3-29 所示。

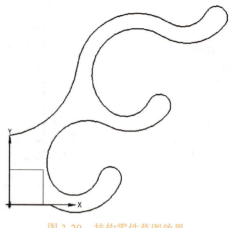

图 3-29　挂钩零件草图效果

（九）保存文件

单击"文件"→"保存"按钮，保存所绘制的挂钩零件草图文件。

任务四　连杆零件草图编辑

一、实例分析

本实例为绘制图 3-30 所示的连杆零件草图。先绘制两端 4 个圆，再绘制切线，然后偏置中间轮廓曲线，再绘制矩形键槽，修剪多余线段即可完成。

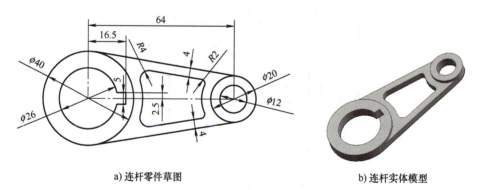

a) 连杆零件草图　　　　　　　b) 连杆实体模型

图 3-30　连杆零件草图与实体模型

本实例通过基本平面草图曲线的绘制，介绍"圆""直线""矩形""倒圆角""几何约束""快速尺寸""偏置曲线""快速修剪"等命令的应用与操作方法。

二、操作步骤

（一）新建文件

在 UG NX12.0 的初始窗口中单击"文件"→"新建"按钮，弹出"新建"对话

项目三 草图编辑

框。在"模板"列表中选择"模型",设置"单位"为"毫米",输入文件名称为"连杆零件草图.prt",并在"文件夹"中选择保存路径,单击"确定"按钮,进入UG用户主窗口。

(二)进入草图工作环境

单击"菜单"→"插入"→"在任务环境中绘制草图"按钮,系统弹出"创建草图"对话框。设置"草图类型"为"在平面上";"草图平面"指定XC-YC平面;设置"草图方向"中的"参考"为"水平",并指定"XC"为草图矢量方向;草图原点指定坐标原点(0,0,0)。单击"确定"按钮,进入草图工作环境。

注:设置"连续自动标注尺寸"功能为关闭状态。

(三)绘制φ40mm和φ26mm的同心圆

单击"圆"按钮○,移动鼠标光标捕捉坐标原点为圆心,输入"直径"为"40",按<Enter>键,完成φ40mm圆的绘制。接着完成φ26mm同心圆的绘制,如图3-31所示。

(四)绘制φ20mm和φ12mm的同心圆

重复上一步绘制圆操作,绘制φ20mm和φ12mm的同心圆,并利用"几何约束"命令约束圆心在X轴上,利用"快速尺寸"命令约束圆心到坐标原点距离为64mm,如图3-32所示。

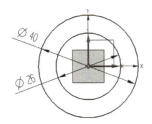

图3-31 绘制φ40mm和φ26mm的同心圆

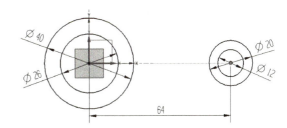

图3-32 绘制φ20mm和φ12mm的同心圆

(五)绘制相切线

单击"直线"按钮,移动鼠标光标分别捕捉φ40mm和φ20mm圆的轮廓边,并使直线与圆弧相切,完成相切线的绘制,如图3-33所示。

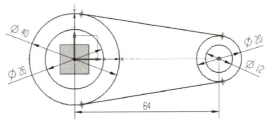

图3-33 绘制相切线

(六) 偏置曲线

单击"偏置曲线"按钮 ⌒，打开"偏置曲线"对话框。分别选择 φ40mm、φ20mm 圆以及两相切线进行偏置，设置"偏置"中的"距离"为"4mm"，如图 3-34 所示。单击"确定"或"应用"按键，完成曲线偏置。

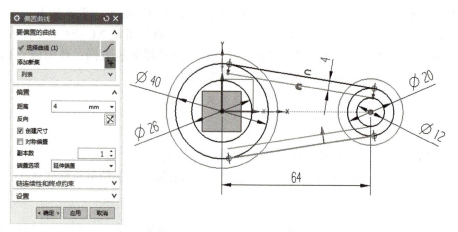

图 3-34 偏置曲线

(七) 绘制矩形键槽

单击"矩形"按钮 ▢，绘制矩形，并利用"快速尺寸"命令约束矩形尺寸，如图 3-35 所示。

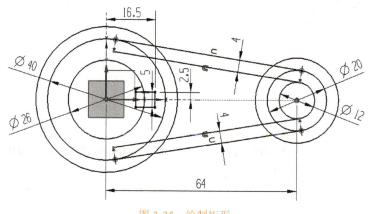

图 3-35 绘制矩形

(八) 修剪多余线段

单击"快速修剪"按钮 ⌖，打开"快速修剪"对话框。选中需要修剪的多余线段，如图 3-36 所示。单击鼠标中键确认，或直接关闭"快速修剪"对话框，完成多余线段修剪。

项目三 草图编辑

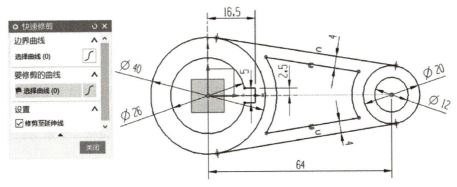

图 3-36 修剪多余线段

（九）倒 R4mm 和 R2mm 圆角

单击"圆角"按钮，"半径"分别输入"4"和"2"，完成倒两个 R4mm 和两个 R2mm 圆角，如图 3-37 所示。

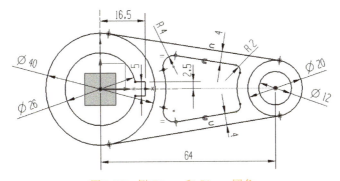

图 3-37 倒 R4mm 和 R2mm 圆角

（十）完成草图

单击"完成草图"按钮，完成草图绘制。完成的草图效果如图 3-38 所示。

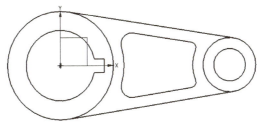

图 3-38 连杆零件草图效果

（十一）保存文件

单击"文件"→"保存"按钮，保存所绘制的连杆零件草图文件。

任务五 轴承座零件草图编辑

一、实例分析

本实例为绘制图 3-39 所示的轴承座零件草图。该轴承座零件轮廓需要绘制两个草图，一个是主视图方向的正面草图轮廓，包括 φ50mm 和 φ26mm 的一组同心圆、两条相切线、一条底线、一个矩形；一个是俯视图方向的底面草图轮廓，包括一个矩形轮廓、两个 φ12mm 对称圆、两条 R15mm 圆弧。

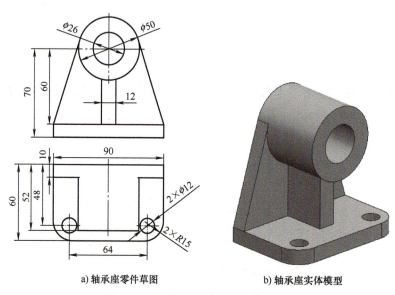

a) 轴承座零件草图　　　　　b) 轴承座实体模型

图 3-39　轴承座零件草图与实体模型

本实例通过基本平面草图曲线的绘制，介绍"圆""直线""矩形""倒圆角""几何约束""快速尺寸""镜像曲线"等命令的应用与操作方法。同时，介绍在不同工作平面上创建草图的操作方法。

二、操作步骤

（一）新建文件

在 UG NX12.0 的初始窗口中单击"文件"→"新建"按钮，弹出"新建"对话框。在"模板"列表中选择"模型"，设置"单位"为"毫米"，输入文件名称为"轴承座零件草图 .prt"，并在"文件夹"中选择保存路径，单击"确定"按钮，进入 UG 用户主窗口。

（二）进入第一个草图工作界面

单击"菜单"→"插入"→"在任务环境中绘制草图"按钮，系统弹出"创建草图"对话框。设置"草图类型"为"在平面上"；"草图平面"指定为 XC-YC 平面；设置"草图方向"中的"参考"为"水平"，并指定"XC"为草图矢量方向；草图原点指定坐标原点（0，0，0）。单击"确定"按钮，进入草图工作环境。

项目三 草图编辑

注：设置"连续自动标注尺寸"功能为关闭状态。

（三）绘制 φ50mm 和 φ26mm 的同心圆

单击"圆"按钮○，以坐标原点上方任意位置为圆心绘制圆，输入"直径"为"50"，按 <Enter> 键，完成 φ50mm 圆的绘制。接着完成 φ26mm 同心圆，并利用"几何约束"命令约束圆心在 Y 轴上；利用"快速尺寸"命令约束圆心到坐标原点距离为 60mm，如图 3-40 所示。

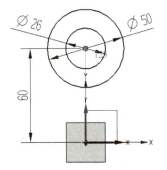

图 3-40 绘制 φ50mm 和 φ26mm 的同心圆

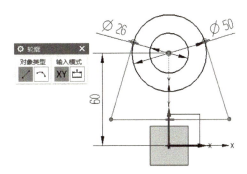

图 3-41 绘制两相切线及底线

（四）绘制两相切线及底线

单击"轮廓线"按钮，移动鼠标光标捕捉 φ50mm 圆的轮廓边，并使直线与圆弧相切。绘制 φ50mm 圆左侧的相切线，连续绘制水平底线及 φ50mm 圆右侧的相切线，如图 3-41 所示。然后利用"几何约束"命令约束底线与 X 轴共线。同时，约束 φ50mm 圆的圆心为底线的中点，利用"快速尺寸"命令约束底线长度为 90mm，如图 3-42 所示。

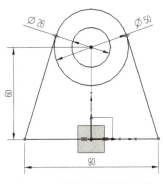

图 3-42 约束相切线及底线

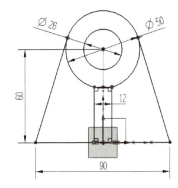

图 3-43 绘制宽为 12mm 的矩形

（五）绘制宽为 12mm 的矩形

单击"矩形"按钮□，绘制矩形。利用"几何约束"命令约束矩形底边与 X 轴共线，同时约束 φ50mm 圆的圆心为矩形底边的中点，约束矩形上边的顶点在 φ50mm 圆轮廓上；利用"快速尺寸"命令约束矩形宽为 12mm，如图 3-43 所示。

(六）完成第一个草图

单击"完成草图"按钮 ![icon]，完成第一个草图的绘制（即轴承座的正面轮廓）。完成的草图效果如图 3-44 所示。

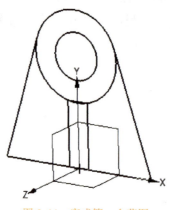

图 3-44　完成第一个草图

(七）进入第二个草图工作界面

单击"菜单"→"插入"→"在任务环境中绘制草图"按钮，系统弹出"创建草图"对话框。设置"草图类型"为"在平面上"；"草图平面"指定为 XC–ZC 平面；设置"草图方向"中的"参考"为"水平"，并指定"XC"为草图矢量方向；草图原点指定为坐标原点（0，0，0）。单击"确定"按钮，进入草图工作环境。

注：设置"连续自动标注尺寸" ![icon] 功能为关闭状态。

(八）绘制底面矩形

单击"矩形"按钮 ![icon]，绘制矩形。利用"几何约束"命令约束矩形一条长边与 X 轴共线 ![icon]，同时约束坐标原点为矩形长边的中点 ![icon]；利用"快速尺寸"命令分别约束矩形长为 90mm，宽为 60mm，如图 3-45 所示。

(九）绘制两个 φ12mm 圆

单击"圆"按钮 ![icon]，绘制一个 φ12mm 圆；并利用"快速尺寸"命令约束圆心到坐标原点水平距离为 32mm，竖直距离为 48mm；利用"镜像曲线"命令 ![icon] 把 φ12mm 圆镜像到对称的另一侧，如图 3-46 所示。

(十）倒两个 R15mm 圆角

单击"倒圆角"按钮 ![icon]，输入"半径"为"15"，分别对矩形下方的两个角进行倒圆角，如图 3-47 所示。

(十一）完成草图

单击"完成草图"按钮 ![icon]，完成草图的绘制。完成的草图效果如图 3-48 所示。

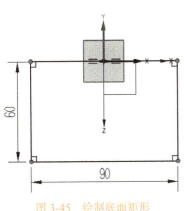
图 3-45 绘制底面矩形

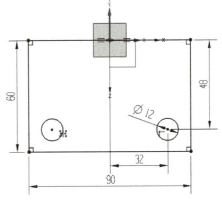
图 3-46 绘制两个 φ12mm 圆

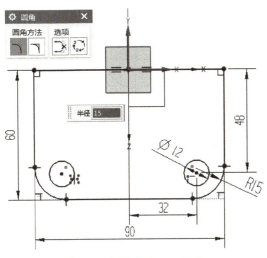
图 3-47 倒两个 R15mm 圆角

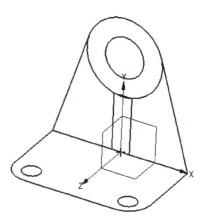
图 3-48 轴承座零件草图效果

（十二）保存文件

单击"文件"→"保存"按钮，保存所绘制的轴承座零件草图文件。

小 结

本项目主要介绍了 UG NX12.0 的草图编辑，以垫片、端盖、挂钩、连杆、轴承座等零件为实例，介绍了圆、圆弧、直线、矩形等草图曲线的绘制方法以及草图曲线的尺寸约束和几何约束方法，还介绍了草图曲线的倒圆角、阵列、镜像、快速修剪等草图曲线的编辑方法。通过草图绘制的一般创建步骤，重点要求读者能掌握草图尺寸约束、几何约束方法，能熟练绘制一般复杂图形，并灵活掌握绘制草图过程中的各种草图编辑技巧。

 巩固练习

完成图 3-49～图 3-53 所示草图的绘制。要求掌握草图曲线的绘制、草图编辑、草图约束等命令的使用方法。

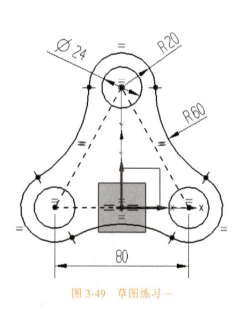

图 3-49　草图练习一　　　　　　　图 3-50　草图练习二

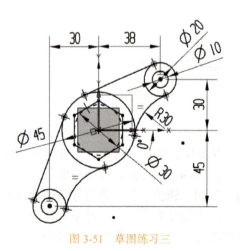

图 3-51　草图练习三

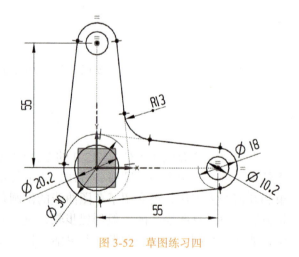

图 3-52　草图练习四

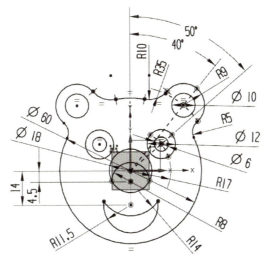

图 3-53　草图练习五

项目四

实体建模

本项目通过实例介绍三维实体基础建模、三维实体特征建模、特征的基本操作、特征的编辑操作等。UG 是一款以三维实体建模为主的大型设计软件，具有操作简单、修改方便等特点。建模模块提供了体素特征（长方体、圆柱、圆锥、球）、孔、腔体、凸台、垫块、键槽、肋板等建模工具，而且将基于约束的特征造型功能和直接几何造型功能结合，具有复合建模功能，使用户可以充分利用集成在参数化特征造型环境中的传统实体、曲面等功能。实体建模提供用于快速有效地进行概念设计的变量化草图工具、尺寸驱动编辑和用于一般建模与编辑的工具，使用户既可以进行参数化建模，又可以方便地用非参数方法生成二维、三维线框模型，方便地生成复杂结构零件的实体模型。

教学重点和难点：三维空间想象能力的构成，实体参数化特征操作。

知识目标

1）熟悉实体建模工作环境。
2）掌握设计特征中"拉伸""回转"等基本建模命令的应用与操作方法。
3）掌握矢量、点构造器的应用与操作方法。
4）掌握关联复制、阵列、修剪等特征操作方法。
5）掌握布尔运算中工具的应用与操作方法。

能力目标

1）具备直接建模的技巧。
2）具备三维空间想象能力。
3）具备多种实体建模的方法，并能优化建模方法。

任务一 输出轴设计

一、实例分析

轴类零件是典型的机械零件之一，本实例根据图 4-1 所示输出轴零件图进行实体建模。对于该输出轴，其三维建模一般是先创建轴的主体结构，然后创建键槽和孔等特征，

项目四　实体建模

最后创建倒角、倒圆等细节。

本实例通过对输出轴实体建模的设计，介绍圆柱、键槽、孔、螺纹、倒角、倒圆，以及布尔操作等特征的创建方法。

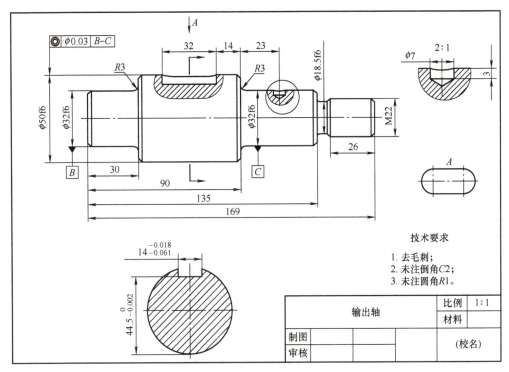

图 4-1　输出轴零件图

二、操作步骤

（一）新建文件

在 UG NX12.0 的初始窗口中单击"文件"→"新建"按钮，系统弹出"新建"对话框。在"模板"列表中选择"模型"，设置"单位"为"毫米"，输入文件名称为"输出轴 .prt"，并在"文件夹"中选择文件的保存路径，如图 4-2 所示。单击"确定"按钮，进入 UG 用户主窗口。

（二）创建圆柱主体部分

1）创建直径为 32mm，高度为 30mm 的圆柱。单击"菜单"→"插入"→"设计特征"→"圆柱"按钮，系统弹出"圆柱"对话框。选择"轴、直径和高度"类型；设置"指定矢量"为"YC"，"指定点"为工作坐标系原点（0，0，0）；设置"直径"为"32mm"，"高度"为"30mm"，"布尔"为"无"，单击"应用"按钮，完成圆柱的创建，如图 4-3 所示。

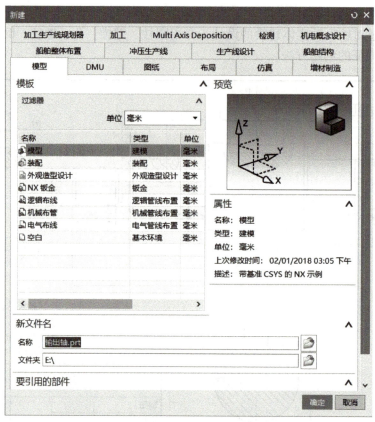

图 4-2 "新建"对话框

2)创建直径为 50mm,高度为 60mm 的圆柱。重复以上操作,在"圆柱"对话框中,选择"轴、直径和高度"类型;设置"指定矢量"为"YC","指定点"为刚创建的圆柱顶面圆心;设置"直径"为"50mm","高度"为"60mm","布尔"为"合并",单击"应用"按钮,完成圆柱的创建,如图 4-4 所示。

图 4-3 创建直径为 32mm、高度为 30mm 圆柱　　图 4-4 创建直径为 50mm、高度为 60mm 圆柱

3）重复以上操作，依次创建其余 ϕ32mm、ϕ18.5mm、ϕ22mm 的圆柱，所有圆柱的"指定矢量"都设置为"YC"，并设置"布尔"为"合并"，最终圆柱主体模型如图4-5所示。

图4-5　创建圆柱主体模型

（三）创建键槽

1. 创建基准平面

单击"菜单"→"插入"→"基准/点"→"基准平面"按钮，或在"特征"工具栏中单击"基准平面"按钮，系统弹出"基准平面"对话框。选择"XC-YC平面"，"偏置和参考"设置为"WCS"，设置"距离"为"25mm"，单击"确定"按钮，完成基准平面的创建，如图4-6所示。

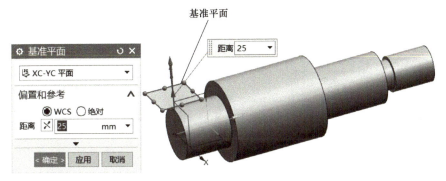

图4-6　创建基准平面

2. 创建基准轴

单击"菜单"→"插入"→"基准/点"→"基准轴"按钮，或在"特征"工具栏中单击"基准轴"按钮，系统弹出"基准轴"对话框。选择"YC轴"，单击"确定"按钮，完成基准轴的创建，如图4-7所示。

图4-7　创建基准轴

3. 创建键槽

1）单击"菜单"→"插入"→"设计特征"→"键槽"按钮，或单击"特征"工具栏中的"键槽"按钮 ![], 系统弹出"槽"对话框，如图4-8所示。

注：如在菜单命令列表中没有"键槽"命令，则通过"命令查找器"查找并调用。

2）选择"矩形槽"，单击"确定"按钮，系统弹出"矩形槽"对话框，如图4-9所示。选择刚创建的基准平面为键槽放置面，如箭头默认方向为Z轴负方向，则在弹出的对话框选项中选择"接受默认边"，然后系统弹出"水平参考"对话框，选择YC轴为水平参考，如图4-10所示。水平参考选择完成后，系统弹出"矩形槽"参数设置对话框。

图4-8 "槽"对话框

图4-9 选择键槽放置面

图4-10 选择键槽水平参考

3）在"矩形槽"参数设置对话框中，设置"长度"为"32mm"，"宽度"为"14mm"，"深度"为"5.5mm"，如图4-11所示。单击"确定"按钮，系统弹出矩形槽"定位"对话框。

图4-11 设置矩形槽尺寸参数

4）在"定位"对话框中，选择水平定位，如图4-12所示。然后设置水平方向定位尺寸，首先选择 R1 圆弧中心，再选择键槽 X 方向中心线 L1，接着在弹出的"创建表达式"对话框中输入"30mm"，如图 4-13 所示。单击"确定"按钮，再回到"定位"对话框中。

图 4-12　水平定位

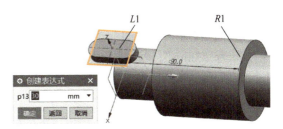

图 4-13　输入水平方向参数

5）在"定位"对话框中，选择竖直定位，如图 4-14 所示。然后设置竖直方向定位尺寸，首先选择 R1 圆弧中心，再选择键槽 Y 方向中心线 L2，接着在弹出的"创建表达式"对话框中输入"0mm"，如图 4-15 所示。单击"确定"按钮，弹出"定位"对话框，再单击"确定"按钮，完成键槽的创建，效果如图 4-16 所示。

图 4-14　竖直定位

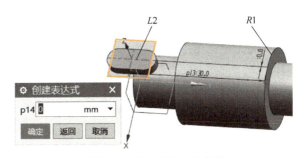

图 4-15　输入竖直方向参数

（四）创建直径为 7mm、深度为 3mm 的孔

1. 创建点

单击"菜单"→"插入"→"基准/点"→"点"按钮，系统弹出"点"对话框，设置"X"值为"0mm"，"Y"值为"113mm"，"Z"值为"16mm"，如图 4-17 所示。默认其他选项设置，单击"确定"按钮，完成点的创建。

图 4-16　键槽效果

图 4-17　创建点

2. 创建孔

单击"菜单"→"插入"→"设计特征"→"孔"按钮，或在"特征"工具栏中单击"孔"按钮，系统弹出"孔"对话框。选择"常规孔"类型；选择以上创建的点为"指定点"；设置"孔方向"为"垂直于面"，"成形"为"简单孔"，"直径"为"7mm"，"深度"为"3mm"，"顶锥角"为"118°"，"布尔"为"减去"，默认其他选项设置，如图4-18所示。单击"确定"按钮，完成孔的创建，效果如图4-19所示。

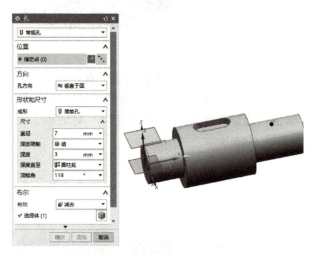

图4-18 设置孔参数　　　　　　　　　图4-19 创建孔效果

（五）创建 C2mm 倒角

单击"菜单"→"插入"→"细节特征"→"倒斜角"按钮，或在"特征"工具栏中单击"倒斜角"按钮，系统弹出"倒斜角"对话框。设置"横截面"为"对称"，"距离"为"2mm"，然后在绘图区分别选择轴模型的6条边，如图4-20所示。单击"确定"按钮，完成 C2mm 倒角的创建。

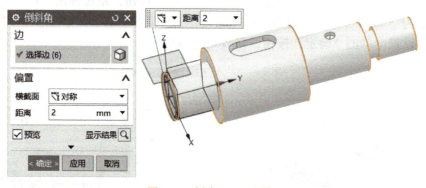

图4-20 创建 C2mm 倒角

（六）创建 R3mm 圆角

单击"菜单"→"插入"→"细节特征"→"边倒圆"按钮，或在"特征"工具栏中单击"边倒圆"按钮，系统弹出"边倒圆"对话框。设置"连续性"为"G1（相切）"，"形状"为"圆形"，"半径1"为"3mm"，然后在绘图区分别选择轴模型的两条边，如图4-21所示。单击"确定"按钮，完成R3mm圆角的创建。

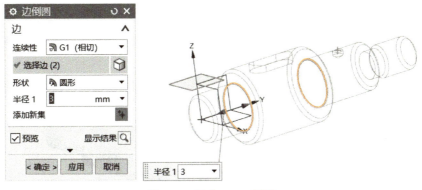

图4-21　创建R3mm圆角

（七）创建M22符号螺纹

单击"菜单"→"插入"→"设计特征"→"螺纹"按钮，系统弹出"螺纹切削"对话框。设置"螺纹类型"为"符号"，然后在绘图区分别选择螺纹圆柱面和螺纹起始面，如果螺纹轴向默认为Y轴正方向，则需要反转螺纹轴方向为Y轴负方向，设置"长度"为"26mm"，默认其他选项设置，如图4-22所示。单击"确定"按钮，完成符号螺纹的创建。

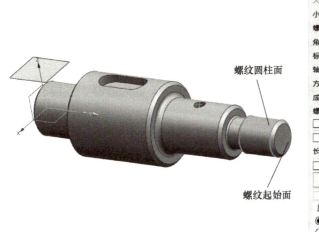

图4-22　创建M22符号螺纹

(八）完成输出轴实体模型

完成输出轴实体模型后，在"部件导航器"中显示所有创建的特征，如图 4-23a 所示。隐藏基准平面、基准轴、点、坐标系等，最终输出轴实体模型效果如图 4-23b 所示。

a)"部件导航器"　　　　　　b) 输出轴实体模型

图 4-23　"部件导航器"和输出轴实体模型

(九）保存文件

单击"文件"→"保存"按钮，保存所创建的输出轴实体模型。

任务二　三通管设计

一、实例分析

三通管零件属于典型的机械零件之一，本实例根据图 4-24 所示三通管零件图进行实体建模。对于该三通管，其三维建模一般是先创建管的主体结构，然后创建法兰结构、通孔等特征。

本实例通过对三通管实体建模的设计，介绍圆柱、矢量构造器、点构造器、草图、拉伸、孔，以及布尔操作等特征的创建方法。

二、操作步骤

(一）新建文件

在 UG NX12.0 的初始窗口中单击"文件"→"新建"按钮，系统弹出"新建"对话框。在"模板"列表中选择"模型"，设置"单位"为"毫米"，输入文件名称为"三通管.prt"，并在"文件夹"中选择文件的保存路径，单击"确定"按钮，进入 UG 用户主窗口。

项目四 实体建模

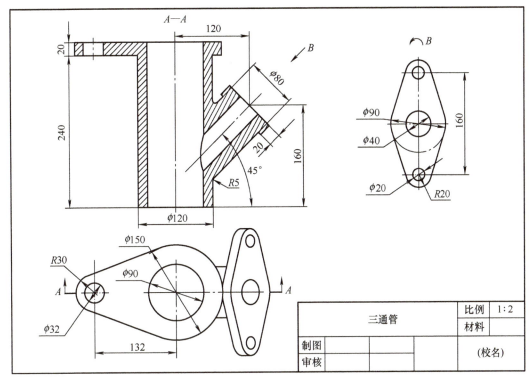

图4-24 三通管零件图

(二) 创建 φ120mm 圆柱体

单击"菜单"→"插入"→"设计特征"→"圆柱"按钮,系统弹出"圆柱"对话框。选择"轴、直径和高度"类型;设置"指定矢量"为"ZC","指定点"为工作坐标系原点(0,0,0);设置"直径"为"120mm","高度"为"240mm","布尔"为"无",如图4-25所示。单击"确定"按钮,完成圆柱创建。

(三) 创建上法兰

1. 进入草图环境

单击"菜单"→"插入"→"在任务环境中绘制草图"按钮,系统弹出"创建草图"对话框。设置"草图类型"为"在平面上","草图平面"中的"平面方法"为"新平面","指定平面"为圆柱的上表面,"草图方向"中的"参考"为"水平",并指定"XC"为"指定矢量","草图原点"中的"原点方法"为"指定点","指定点"为圆柱上表面圆心点,如图4-26所示。单击"确定"按钮,进入草图环境。

2. 绘制上法兰草图

按图4-27所示图形绘制上法兰草图,然后单击"完成草图"按钮,完成草图的绘制。

图 4-25　创建 φ120mm 圆柱　　　　图 4-26　进入草图环境

3. 创建上法兰实体

单击"菜单"→"插入"→"设计特征"→"拉伸"按钮，或单击"特征"工具栏中的"拉伸"按钮，系统弹出"拉伸"对话框。设置"截面线"为以上创建的草图曲线，"指定矢量"为"ZC"，开始距离值为"0mm"，结束距离值为"20mm"，"布尔"为"合并"，如图 4-28 所示。单击"确定"按钮，完成上法兰实体的创建。

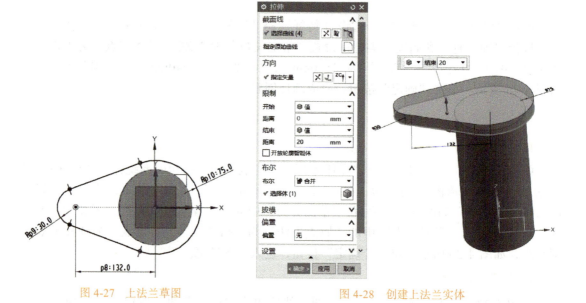

图 4-27　上法兰草图　　　　图 4-28　创建上法兰实体

（四）创建斜圆柱

1. 显示工作坐标系

单击"菜单"→"格式"→"WCS"→"显示"按钮，显示工作坐标系。

项目四 实体建模

2. 移动工作坐标系

单击"菜单"→"格式"→"WCS"→"原点"按钮，系统弹出"点"对话框，设置"XC"为"120mm"，"YC"为"0mm"，"ZC"为"160mm"，如图4-29所示。单击"确定"按钮，完成工作坐标系的移动。

3. 旋转工作坐标系

单击"菜单"→"格式"→"WCS"→"旋转"按钮，系统弹出"旋转WCS绕…"对话框，选择"⦿+YC轴：ZC --> XC"选项，并在"角度"文本框中输入"45"，如图4-30所示。单击"确定"按钮，完成工作坐标系的旋转。

图4-29 设置工作坐标原点参数

图4-30 旋转工作坐标系

4. 创建斜φ80mm圆柱

单击"菜单"→"插入"→"设计特征"→"圆柱"按钮，系统弹出"圆柱"对话框。选择"轴、直径和高度"类型；设置"指定矢量"为"-ZC"，"指定点"为工作坐标系原点（0，0，0）；设置"直径"为"80mm"，"高度"为"160mm"，"布尔"为"合并"，如图4-31所示。单击"确定"按钮，完成斜圆柱的创建。

（五）创建斜法兰

1. 进入草图工作环境

单击"菜单"→"插入"→"在任务环境中绘制草图"按钮，或单击"直接草图"按钮，系统弹出"创建草图"对话框。设置"草图类型"为"在平面上"，"草图平面"中的"平面方法"为"新平面"，"指定平面"为XC-YC平面，"草图方向"中的"参考"为"水平"，并指定"XC"为"指定矢量"，"草图原点"中的"原点方法"为"指定点"，并选择斜圆柱上表面圆心点，如图4-32所示。单击"确定"按钮，进入草图工作环境。

图 4-31　创建斜 ϕ80mm 圆柱

2. 绘制斜法兰草图

按图 4-33 所示绘制斜法兰草图，然后单击"完成草图"按钮 ![icon]，完成草图的绘制。

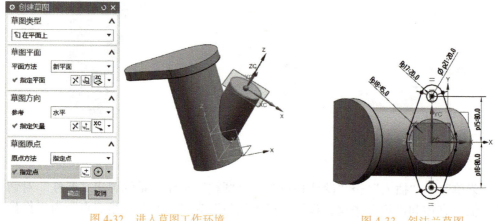

图 4-32　进入草图工作环境　　　　　图 4-33　斜法兰草图

3. 创建斜法兰实体

单击"菜单"→"插入"→"设计特征"→"拉伸"按钮，系统弹出"拉伸"对话框。设置"截面线"为以上创建的草图曲线，"指定矢量"为"-ZC"；设置"开始距离"为"0mm"，"结束距离"为"20mm"，"布尔"为"合并"，如图 4-34 所示。单击"确定"按钮，完成斜法兰实体的创建。

（六）创建 ϕ90mm、ϕ32mm、ϕ40mm 通孔

1. 创建 ϕ90mm 通孔

单击"菜单"→"插入"→"设计特征"→"孔"按钮，系统弹出"孔"对话框。设置"指定点"为上法兰表面 ϕ150mm 圆弧中心点；设置"直径"为"90mm"，"深度"为"260mm"，"顶锥角"为"0"，"布尔"为"减去"，如图 4-35 所示。单击"确定"按钮，完成 ϕ90mm 通孔的创建。

项目四 实体建模

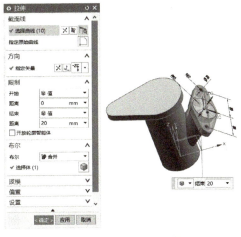

图 4-34　创建斜法兰实体　　　　　图 4-35　创建 φ90mm 通孔

2. 创建 φ32mm、φ40mm 通孔

用相同的方法创建直径为 32mm、深度为 20mm 的通孔，以及斜法兰上直径为 40mm、深度为 160 的通孔。

（七）创建 R5mm 圆角

单击"菜单"→"插入"→"细节特征"→"边倒圆"按钮，系统弹出"边倒圆"对话框。创建 φ120mm 直圆柱和 φ80mm 斜圆柱相交处的 R5mm 圆角。

（八）完成三通管实体模型

完成三通管实体模型后，在"部件导航器"中显示所有创建的特征，如图 4-36a 所示。隐藏草图、坐标系等，最终三通管实体模型效果如图 4-36b 所示。

a) 三通管"部件导航器"　　　　b) 三通管实体模型

图 4-36　三通管"部件导航器"和实体模型

（九）保存文件

单击"文件"→"保存"按钮，保存所创建的三通管零件。

任务三　轴承盖设计

一、实例分析

盘盖类零件是典型的机械零件之一，本实例根据图 4-37 所示轴承盖零件图进行实体建模，对于该轴承盖，其三维建模一般是先创建盖的底座主体，然后创建凸台结构、孔等特征。

本实例通过对轴承盖实体建模的设计，介绍圆柱、实体修剪、凸台、简单孔、倒角，以及特征阵列等特征的创建方法。

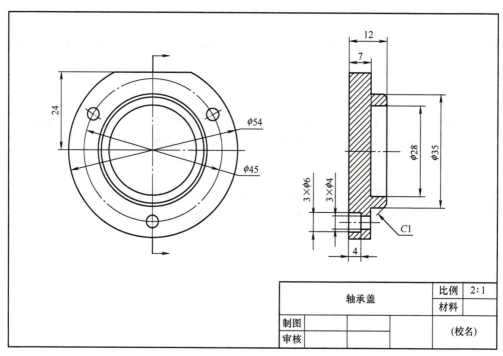

图 4-37　轴承盖零件图

二、操作步骤

（一）新建文件

在 UG NX12.0 的初始窗口中单击"文件"→"新建"按钮，系统弹出"新建"对话框。在"模板"列表中选择"模型"，设置"单位"为"毫米"，输入文件名称为"轴承盖.prt"，并在"文件夹"中选择文件的保存路径，单击"确定"按钮，进入 UG 用户主窗口。

项目四 实体建模

（二）创建 φ54mm 圆柱体

单击"菜单"→"插入"→"设计特征"→"圆柱"按钮，系统弹出"圆柱"对话框。选择"轴、直径和高度"类型，设置"指定矢量"为"ZC"，"指定点"为工作坐标系原点（0，0，0）；设置"直径"为"54mm"，"高度"为"7mm"，"布尔"为"无"，如图 4-38 所示。单击"确定"按钮，完成圆柱的创建。

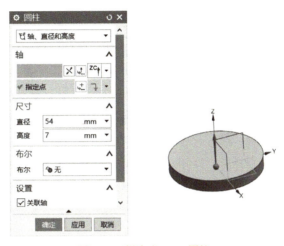

图 4-38　创建 φ54mm 圆柱

（三）修剪圆柱体

1. 创建基准平面

单击"菜单"→"插入"→"基准/点"→"基准平面"按钮，系统弹出"基准平面"对话框。选择"XC-ZC 平面"，在"偏置和参考"选项组中选择"WCS"，系统默认创建方向为 YC 方向，设置"距离"为"24mm"，如图 4-39 所示。单击"确定"按钮，完成基准平面的创建。

图 4-39　创建基准平面

2. 修剪圆柱体

单击"菜单"→"插入"→"修剪"→"修剪体"按钮，或在"特征"工具栏中单击"修剪体"按钮，系统弹出"修剪体"对话框。设置"目标"为圆柱体，"刀具"为新建基准平面，如图 4-40 所示。如系统默认修剪方向为小体积部分，则单击"确定"按钮；如系统默认修剪方向为大体积部分，则单击"反向"按钮后，再单击"确定"按钮，完成圆柱体的修剪。

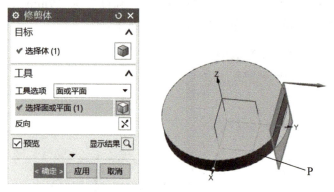

图 4-40　修剪圆柱体

（四）创建 φ35mm 圆凸台

1. 设置凸台参数

单击"菜单"→"插入"→"设计特征"→"凸台"按钮，或单击"凸台"按钮，系统弹出"支管"对话框。设置"直径"为"35mm"，"高度"为"5mm"，"锥角"为"0°"，并选中圆柱上表面为"凸台"的放置面，如图 4-41 所示。

图 4-41　设置凸台参数

2. 定位凸台

1）单击"支管"对话框中的"确定"或"应用"按钮，系统弹出"定位"对话框，如图 4-42 所示。

2）单击"定位"对话框中的"点落在点上"按钮，系统弹出"点落在点上"对话框，如图 4-43 所示。此时选中底座的圆弧边作为定位边，系统弹出"设置圆弧的位置"对话框，如图 4-44 所示。选择"圆弧中心"，即可完成凸台的创建。

项目四 实体建模

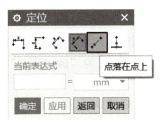

图 4-42 "定位"对话框

图 4-43 "点落在点上"对话框

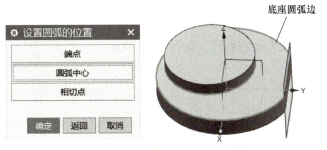

图 4-44 "设置圆弧的位置"对话框

（五）创建 φ28mm 凸台孔

单击"菜单"→"插入"→"设计特征"→"孔"按钮，系统弹出"孔"对话框。选择"常规孔"孔类型，设置"成形"为"简单孔"，"直径"为"28mm"，"深度"为"5mm"，"顶锥角"为"0°"，"布尔"为"减去"，"指定点"为凸台上表面圆弧中心点，如图 4-45 所示。单击"确定"按钮，完成 φ28mm 孔的创建。

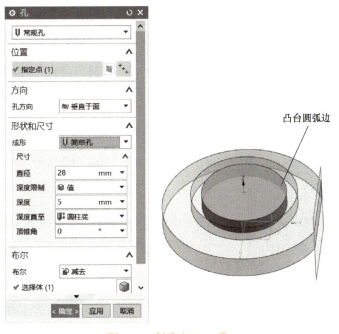

图 4-45 创建 φ28mm 孔

（六）创建 ϕ6mm 沉头孔

1）单击"菜单"→"插入"→"设计特征"→"孔"按钮，系统弹出"孔"对话框。选择"常规孔"孔类型，设置"成形"为"沉头"，"沉头直径"为"6mm"，"沉头深度"为"4mm"，"直径"为"4mm"，"深度限制"为"值"，"深度"为"7mm"，"顶锥角"为"0°"，"布尔"为"减去"，"指定点"为圆柱底面在 –YC 方向上的任意点，如图 4-46 所示。

2）单击孔的放置点后，此时系统弹出"草图点"对话框，如图 4-47 所示。单击"关闭"按钮，进入定位点的草图环境，根据零件图中 ϕ6mm 孔的定位尺寸修改草图相应尺寸，如图 4-48 所示。单击"完成草图"按钮，系统自动返回"孔"对话框。单击"确定"按钮，完成 ϕ6mm 沉头孔的创建，如图 4-49 所示。

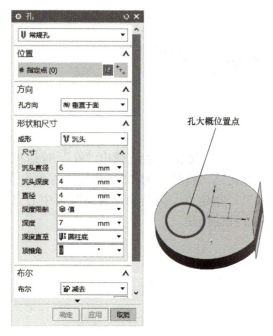

图 4-46 设置 ϕ6mm 沉头孔参数

图 4-47 "草图点"对话框

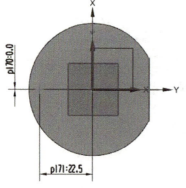

图 4-48 定位点的草图环境

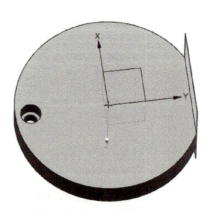

图 4-49 ϕ6mm 沉头孔效果

（七）阵列 ϕ6mm 沉头孔

单击"菜单"→"插入"→"关联复制"→"阵列特征"按钮，系统弹出"阵列特征"对话框，如图 4-50a 所示。选择以上创建的沉头孔为"要形成阵列的特征"，"布局"为"圆形"，"旋转轴"中的"指定矢量"为"ZC"，"指定点"为底座圆弧中心，"数量"为"3"，"节距角"为"120°"，默认其他项设置。单击"确定"按钮，即可完成 ϕ6mm 沉头孔特征的阵列。

阵列后效果如图 4-50b 所示。

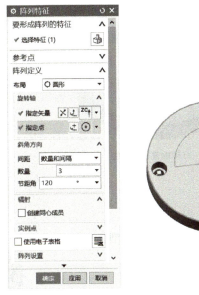
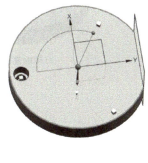

a)"阵列特征"对话框　　　　　　　　　b) 阵列孔效果

图 4-50　"阵列特征"对话框和阵列孔效果

（八）创建 C1mm 倒斜角

单击"菜单"→"插入"→"细节特征"→"倒斜角"按钮，系统弹出"倒斜角"对话框。设置"横截面"为"对称"，"距离"为"1mm"，然后在绘图区选择凸台上表面的圆弧边，如图 4-51 所示。单击"确定"按钮，完成 C1mm 倒斜角的创建。

图 4-51　C1mm 倒斜角

（九）完成创建轴承盖实体模型

完成创建轴承盖实体模型后，在"部件导航器"中显示所有创建的特征，如图4-52a所示。隐藏基准平面、坐标系等，最终轴承盖实体模型如图4-52b所示。

a) 轴承盖"部件导航器"　　　　b) 轴承盖实体模型

图4-52　轴承盖"部件导航器"和实体模型

（十）保存文件

单击"文件"→"保存"按钮，保存所创建的轴承盖实体模型。

任务四　箱体设计

一、实例分析

箱体类零件是典型的机械零件之一，本实例根据图4-53所示箱体零件图进行实体建模。对于该箱体，其三维建模一般是先创建箱体主体，然后创建中间腔体结构和端面孔等特征，最后创建倒圆等细节特征。

本实例通过对箱体实体建模的设计，介绍草图绘制、拉伸、简单孔、倒圆角等特征的创建方法。

二、操作步骤

（一）新建文件

在UG NX12.0的初始窗口中单击"文件"→"新建"按钮，系统弹出"新建"对话框，在"模板"列表中选择"模型"，设置"单位"为"毫米"，输入文件名称为"箱体.prt"，并在"文件夹"中选择文件的保存路径，单击"确定"按钮，进入UG用户主窗口。

项目四 实体建模

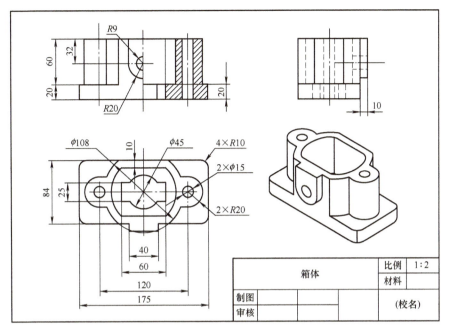

图 4-53 箱体零件图

（二）创建底板部分

单击"菜单"→"插入"→"设计特征"→"拉伸"按钮，系统弹出"拉伸"对话框，如图 4-54 所示。在"截面线"选项组中单击"绘制截面"按钮，此时系统弹出"创建草图"对话框，如图 4-55 所示。选择 XC-YC 平面作为"草图平面"，"草图原点"指定为工作坐标系原点（0，0，0），绘制图 4-56 所示的草图。完成草图后回到"拉伸"对话框。设置"开始距离"为"0mm"，"结束距离"为"20mm"，默认其他选项设置，如图 4-57 所示。单击"确定"按钮，完成底板实体的创建。

图 4-54 "拉伸"对话框

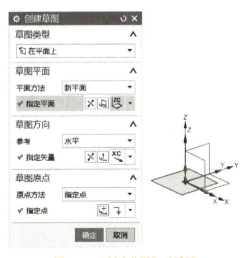

图 4-55 "创建草图"对话框

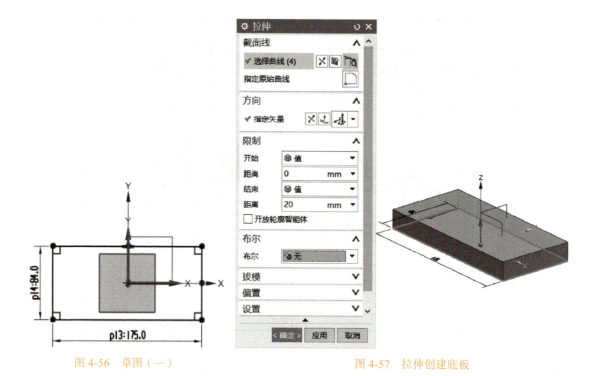

图 4-56 草图（一）　　　　　　　图 4-57 拉伸创建底板

（三）创建箱体主体

单击"菜单"→"插入"→"设计特征"→"拉伸"按钮，系统弹出"拉伸"对话框。同上一操作步骤，在 XC-YC 草图平面上绘制图 4-58 所示的草图。完成草图后回到"拉伸"对话框。设置"开始距离"为"0mm"，"结束距离"为"80mm"，"布尔"为"合并"，默认其他选项设置，如图 4-59 所示。单击"确定"按钮，完成箱体主体的创建。

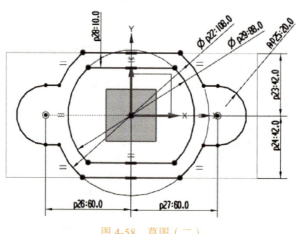

图 4-58 草图（二）

项目四 实体建模

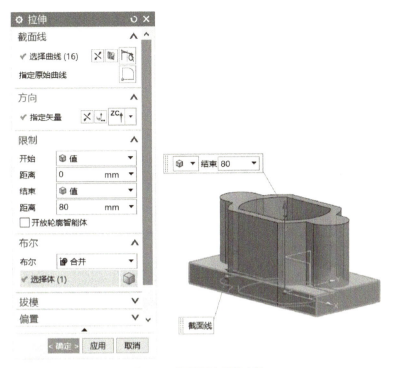

图 4-59 拉伸创建箱体主体

(四)创建底部缺口

单击"菜单"→"插入"→"设计特征"→"拉伸"按钮,系统弹出"拉伸"对话框。同上一操作步骤,在XC-YC草图平面上绘制图4-60所示的草图,完成草图后回到"拉伸"对话框。设置"开始距离"为"0mm","结束距离"为"20mm","布尔"为"减去",默认其他选项设置,如图4-61所示。单击"确定"按钮,完成箱体底部缺口的创建。

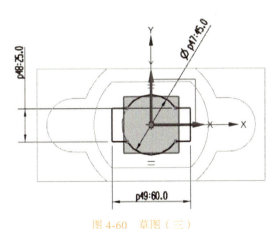

图 4-60 草图(三)

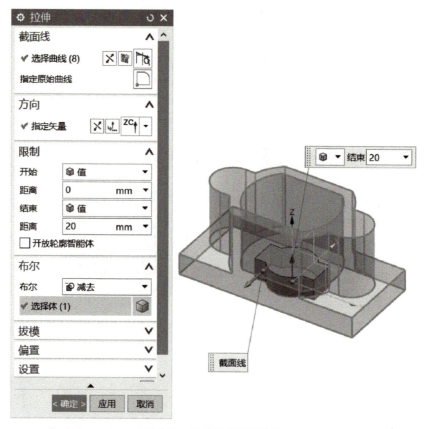

图 4-61　拉伸创建底部缺口

（五）创建箱体侧面凸台

单击"菜单"→"插入"→"设计特征"→"拉伸"按钮，系统弹出"拉伸"对话框。同上一操作步骤，在 XC-ZC 草图平面上绘制图 4-62 所示的草图。完成草图后回到"拉伸"对话框。设置"指定矢量"为"-YC"，"开始距离"为"32mm"，"结束距离"为"52mm"，"布尔"为"合并"，默认其他选项设置，如图 4-63 所示。单击"确定"按钮，完成箱体侧面凸台的创建。

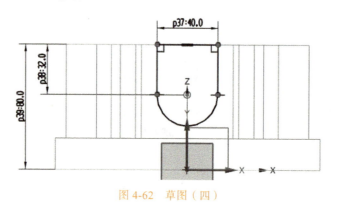

图 4-62　草图（四）

项目四 实体建模

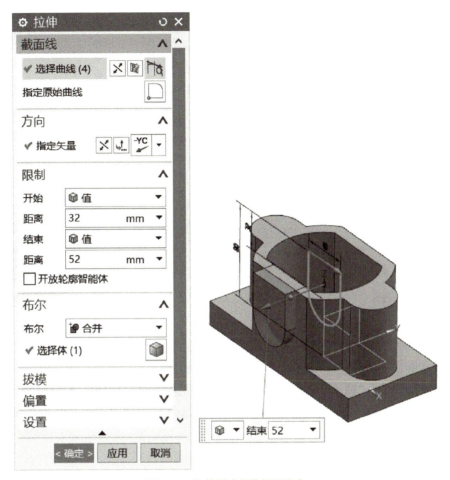

图 4-63 拉伸创建箱体侧面凸台

(六) 创建 ϕ15mm、ϕ18mm 通孔

1. 创建 ϕ15mm 通孔

单击"菜单"→"插入"→"设计特征"→"孔"按钮,系统弹出"孔"对话框。设置"指定点"分别为箱体上表面两个 R20mm 圆弧中心点,"直径"为"15mm","深度"为"80mm","顶锥角"为"0°","布尔"为"减去",如图 4-64 所示。单击"确定"按钮,完成两个 ϕ15mm 孔的创建。

2. 创建 ϕ18mm 通孔

用相同的方法创建 ϕ18mm、深度为 20mm 的侧面凸台通孔。完成效果如图 4-65 所示。

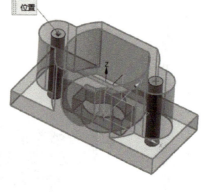

图 4-64　创建两个 ϕ15mm 通孔　　　　图 4-65　通孔创建效果

（七）创建 R10mm、R5mm 圆角

单击"菜单"→"插入"→"细节特征"→"边倒圆"按钮，系统弹出"边倒圆"对话框。在绘图区的模型上选中需要倒圆角的边，分别创建 R10mm 和 R5mm 圆角，如图 4-66 所示。

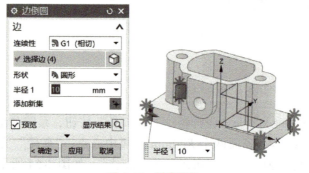

图 4-66　创建圆角

（八）完成创建箱体实体模型

完成创建箱体实体模型后，在"部件导航器"中显示所有创建的特征，如图 4-67a 所示。隐藏草图、坐标系等，最终箱体实体模型效果如图 4-67b 所示。

项目四　实体建模

a) 箱体"部件导航器"　　　　　　　　b) 箱体实体模型

图 4-67　箱体"部件导航器"和实体模型

（九）保存文件

单击"文件"→"保存"按钮，保存所创建的箱体实体模型。

本项目主要介绍了 UG NX12.0 的实体建模功能，以输出轴、三通管、轴承盖、箱体等机械典型零件为实例，介绍了圆柱（球、长方体、锥体）、键槽、孔、凸台、倒斜角、圆角、实体修剪、拉伸、回转、特征阵列等功能的运用，介绍了基准轴、基准平面等基准构造方法，以及对象定位方法，便于用户在实体建模的过程中做到定位清晰、准确。通过实例的一般创建步骤，重点要求用户能熟练掌握各种操作技巧及应用方法，举一反三，从而能熟练绘制一般复杂的零件，并灵活掌握绘图过程中的各种绘图技巧。

根据图 4-68～图 4-71 所示零件图，创建对应实体模型。

1）如图 4-68 所示，创建手轮模型，主要练习草图、圆柱、管、扫掠、阵列、拉伸、孔等特征的创建方法。

2）如图 4-69 所示，创建端盖模型，主要练习长方体、垫块、凸台、圆角、阵列、螺纹、孔等特征的创建方法。

3）如图 4-70 所示，创建盘罩模型，主要练习圆柱、回转、凸台、阵列、拉伸、孔等特征的创建方法。

4）如图 4-71 所示，创建齿轮泵体模型，主要练习草图、拉伸、回转、凸台、螺纹孔、阵列等特征的创建方法。

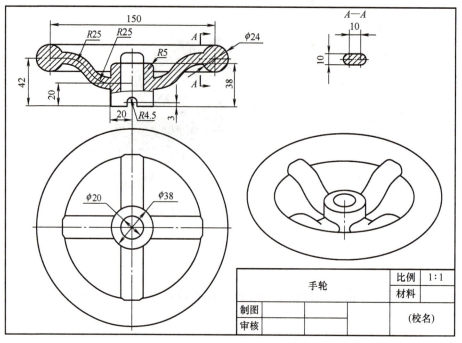

图 4-68　手轮

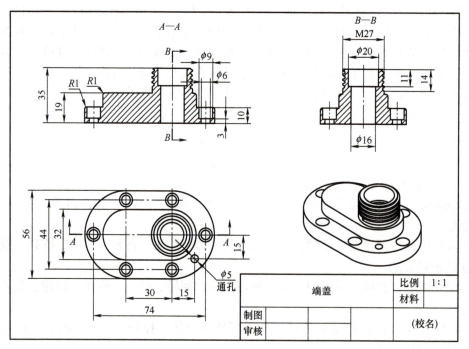

图 4-69　端盖

项目四 实体建模

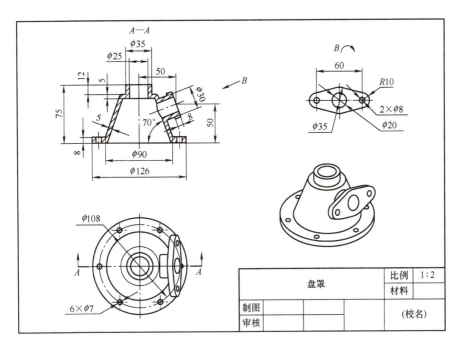

图 4-70 盘罩

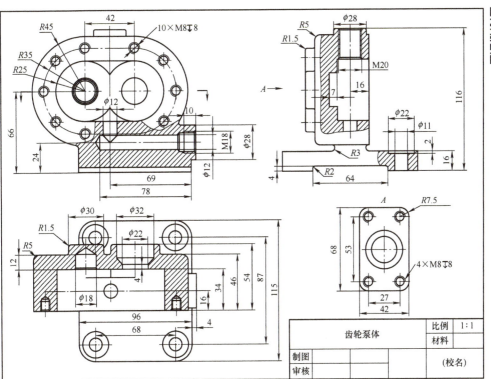

图 4-71 齿轮泵体设计

项目五

曲面造型

本项目主要介绍常用自由曲面创建的方法，如直纹曲面、通过曲线组和通过曲线网格创建曲面等。通过自由曲面模块可以方便地生成曲面片体或实体模型；通过自由曲面编辑模块和自由曲面变换模块可以实现对自由曲面的各种编辑、修改操作。UG NX12.0 不仅提供了基本的特征建模模块，还提供了强大的自由曲面特征建模模块和自由曲面编辑模块，用户可以利用它们完成各种复杂曲面及非规则实体的创建。

教学重点和难点：通过曲线网格等方法生成曲面的操作。

知识目标

1）掌握一般曲面的创建方法。
2）掌握曲面的修剪、加厚等编辑方法。
3）掌握曲面生成实体的方法。

能力目标

1）具备创建一般曲面的能力。
2）具备由曲面创建实体的能力。
3）具备流线型曲面产品的设计能力。
4）具备参数化设计理念，提高空间想象能力。

任务一　五角星设计

一、实例分析

五角星是日常生活中很常见的一种装饰品。本实例主要是根据图 5-1 所示图例对五角星进行三维建模设计。该任务一般是先创建圆柱主体，然后创建五角星部分，设计过程为：圆柱→五角星草图→创建空间点→直纹→着色显示。

项目五 曲面造型

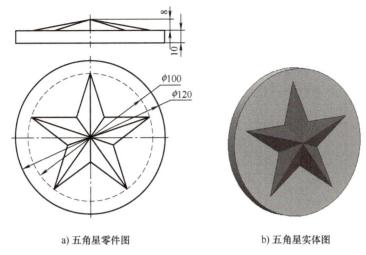

a) 五角星零件图　　　b) 五角星实体图

图 5-1　五角星零件图和实体图

本实例主要介绍圆柱、草图、空间点、直纹曲面等特征的创建方法，以及对象显示的操作方法。

二、操作步骤

（一）新建文件

在 UG NX12.0 的初始窗口中单击"文件"→"新建"按钮，系统弹出"新建"对话框。在"模板"列表中选择"模型"，设置"单位"为"毫米"，输入文件名称为"五角星.prt"，并在"文件夹"中选择文件的保存路径，单击"确定"按钮，进入 UG 用户主窗口。

（二）创建圆柱

单击"菜单"→"插入"→"设计特征"→"圆柱"按钮，或单击"特征"工具栏中的"圆柱"按钮 ，系统弹出"圆柱"对话框。选择"轴、直径和高度"类型；设置"指定矢量"为"ZC"，"指定点"为工作坐标系原点（0，0，0）；设置"直径"为"120mm"，"高度"为"10mm"，"布尔"为"无"，如图 5-2 所示。单击"应用"或"确定"按钮，完成圆柱的创建。

（三）绘制五角星草图

单击"菜单"→"插入"→"在任务环境中绘制草图"按钮，系统弹出"创建草图"对话框。选择圆柱上表面作为"草图平面"，如图 5-3 所示。单击"确定"，进入草图环境。首先绘制正五边形，单击"多边形"按钮 ，系统弹出"多边形"对话框，如图 5-4 所示。然后连接正五边形各顶点，通过修剪命令绘制图 5-5 所示五角星的草图，单击"完成草图"按钮 ，完成草图绘制。

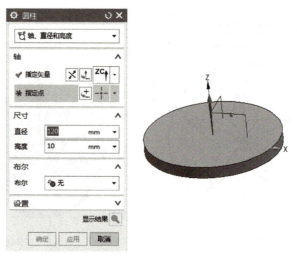

图 5-2　创建圆柱

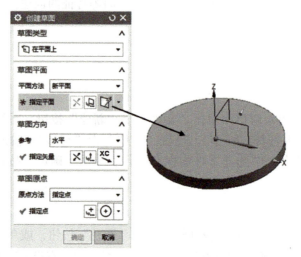

图 5-3　创建草图平面

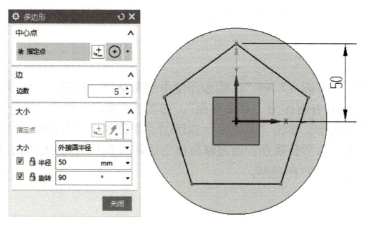

图 5-4　绘制正五边形

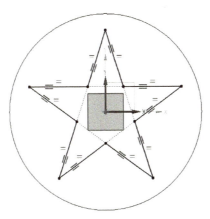

图 5-5　绘制五角星草图

（四）创建空间点

单击"菜单"→"插入"→"基准/点"→"点"按钮，或单击"曲线"工具栏中的"点"按钮 ✚，系统弹出"点"对话框。设置"参考"为"绝对坐标系–工作部件"，"X""Y""Z"分别为"0mm""0mm""18mm"，单击"应用"或"确定"按钮，完成空间点的创建，如图 5-6 所示。

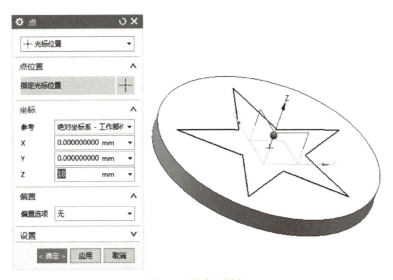

图 5-6　创建空间点

（五）直纹曲面造型

单击"菜单"→"插入"→"网格曲面"→"直纹"按钮，或单击"曲面"工具栏中的"直纹"按钮 ，系统弹出"直纹"对话框（**注**：如"直纹"命令不在菜单中显示或在工具栏中找不到该命令时，可以通过"命令查找器"搜索并添加使用）。首先在"曲线规则"下拉列表选择"相连曲线"，如图 5-7 所示。"截面线串 1"选择为创建的空间点，"截面线串 2"选择为绘制的平面五角星，如图 5-8 所示。单击"应用"或"确定"按钮，完成五角星的三维造型，如图 5-9 所示。

图 5-7 "曲线规则"下拉表列

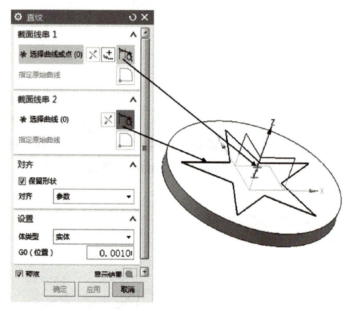

图 5-8 "直纹"对话框设置

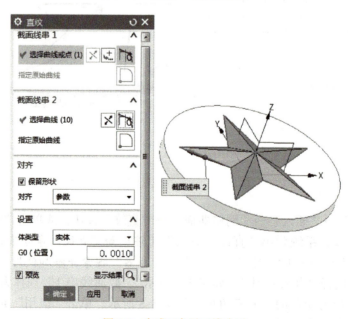

图 5-9 完成五角星三维造型

（六）更改五角星颜色显示

单击"菜单"→"编辑"→"对象显示"按钮，或按 <Ctrl+J> 快捷键，系统弹出"类选择"对话框。在"类型过滤器"中选择"面"，再选择五角星的所有表面，然后单击"确定"按钮，系统弹出"编辑对象显示"对话框。单击"颜色"按钮，更改颜色为红色，如图 5-10 所示。

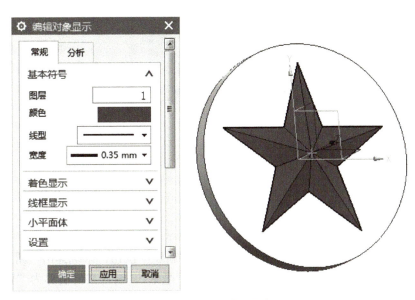

图 5-10　更改五角星颜色

（七）保存文件

单击"文件"→"保存"按钮，保存所创建的五角星模型文件。

任务二　台灯罩设计

一、实例分析

台灯是人们日常生活中常见的一种生活用品，而台灯罩则是台灯不可或缺的零配件。本实例主要是根据图 5-11 所示图例对台灯罩进行三维建模设计。该实例设计过程为：通过表达式创建空间规律曲线→绘制空间圆→根据空间圆和空间规律曲线利用曲线组创建曲面→加厚曲面→边倒圆等，最终完成台灯罩三维模型的创建。

本实例主要介绍规律曲线、空间曲线、通过曲线组创建曲面、加厚曲面、边倒圆等特征的创建方法。

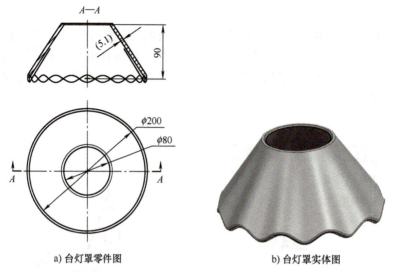

a) 台灯罩零件图　　b) 台灯罩实体图

图 5-11　台灯罩零件图和实体图

二、操作步骤

（一）新建文件

在 UG NX12.0 的初始窗口中单击"文件"→"新建"按钮，系统弹出"新建"对话框。在"模板"列表中选择"模型"，设置"单位"为"毫米"，输入文件名称为"台灯罩.prt"，并在"文件夹"中选择文件的保存路径，单击"确定"按钮，进入 UG 用户主窗口。

（二）创建规律曲线

1）单击"工具"→"表达式"按钮，打开"表达式"对话框。设置"显示"为"命名的表达式"，"表达式组"为"仅显示活动的"，默认其他选项设置。设置表达式参数：t=1，xt=100*cos（t*360），yt=100*sin（t*360），zt=0-6*sin（t*360*11），如图 5-12 所示。

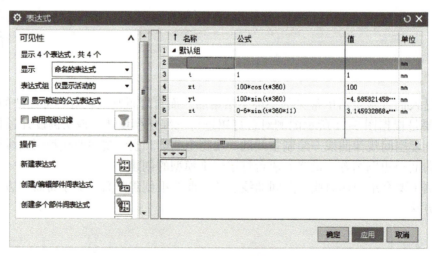

图 5-12　设置表达式参数

项目五 曲面造型

2）单击"曲线"→"规律曲线"按钮 规律曲线，如图 5-13 所示，打开"规律曲线"对话框。设置"在规律类型"为"根据方程"，默认其他选项设置，单击"确定"或"应用"按钮，完成规律曲线的创建，如图 5-14 所示。

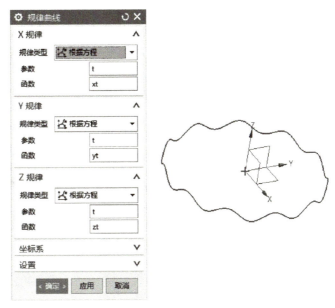

图 5-13 调取"规律曲线"命令　　　　　　图 5-14 创建规律曲线

（三）绘制 ϕ80mm 空间圆

单击"菜单"→"插入"→"曲线"→"基本曲线（原有）"按钮，或单击工具栏中的"基本曲线（原有）"按钮，打开"基本曲线"对话框。选择"圆"命令，绘制圆心坐标值为（0，0，90），直径为 80mm 的空间圆，如图 5-15 所示。

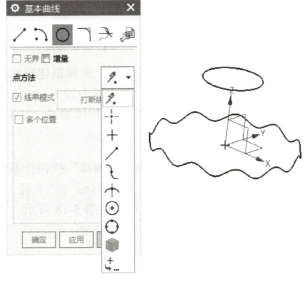

图 5-15 绘制 ϕ80mm 空间圆

（四）通过曲线组创建曲面

单击"菜单"→"插入"→"网格曲面"→"通过曲线组"按钮，或单击"曲面"工具栏中的"通过曲线组"按钮，系统弹出"通过曲线组"对话框。"截面1"和"截面2"分别选择为空间圆和规律曲线，设置"体类型"为"片体"，默认其他选项设置，单击"确定"或"应用"按钮，完成空间曲面片体的创建，如图5-16所示。

注：选择"截面1"后，单击鼠标中键确定，再选择"截面2"。

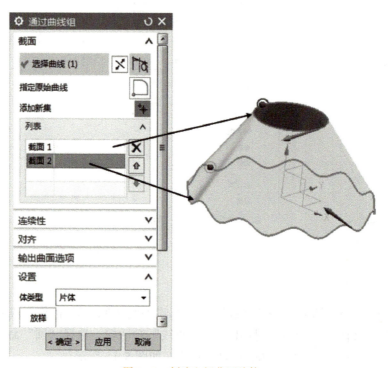

图 5-16　创建空间曲面片体

（五）加厚曲面

单击"菜单"→"插入"→"偏置/缩放"→"加厚"按钮，或单击"曲面"工具栏中的"加厚"按钮，系统弹出"加厚"对话框，选择创建好的片体作为加厚面，在"偏置1"文本框中输入"5mm"，在"偏置2"文本框中输入"0mm"，即曲面片体往外加厚5mm，单击"确定"或"应用"按钮，完成曲面片体加厚，如图5-17所示。

（六）边倒圆角

单击"菜单"→"插入"→"细节特征"→"边倒圆"按钮，系统弹出"边倒圆"对话框。选择需要倒圆的棱角边，设置"形状"为"圆形"，"半径1"为"2mm"，单击"确定"或"应用"按钮，完成加厚体的边倒圆角，如图5-18所示。至此，完成台灯罩的三维建模。

项目五 曲面造型

图 5-17 加厚曲面片体

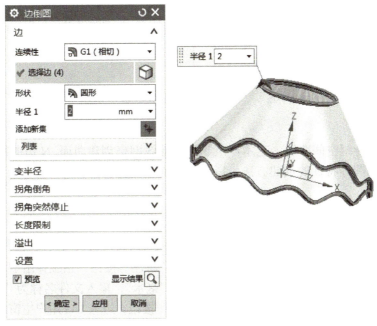

图 5-18 边倒圆

（七）保存文件

单击"文件"→"保存"按钮，保存所创建的台灯罩模型文件。

97

任务三　花瓶设计

一、实例分析

花瓶是人们日常生活中常见的装饰品。本实例主要是根据图 5-19 所示图例对花瓶进行三维建模设计。该实例设计过程为：创建瓶身空间曲线圆→绘制瓶身艺术样条曲线→根据空间圆和艺术样条曲线通过曲线网格创建曲面→N 边曲面→曲面倒圆→加厚曲面→边倒圆等，最终完成花瓶三维模型的创建。

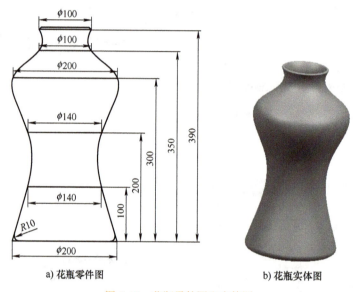

a）花瓶零件图　　　　　　b）花瓶实体图

图 5-19　花瓶零件图和实体图

本实例主要介绍空间曲线、艺术样条、通过曲线网格创建曲面、N 边曲面、曲面倒圆、加厚曲面、边倒圆等特征的创建方法，以及隐藏对象的操作方法。

二、操作步骤

（一）新建文件

在 UG NX12.0 的初始窗口中单击"文件"→"新建"按钮，系统弹出"新建"对话框。在"模板"列表中选择"模型"，设置"单位"为"毫米"，输入文件名称为"花瓶.prt"，并在"文件夹"中选择文件的保存路径，单击"确定"按钮，进入 UG 用户主窗口。

（二）创建瓶身空间曲线圆

单击"菜单"→"插入"→"曲线"→"基本曲线（原有）"按钮，系统弹出"基本曲线"对话框。选择"圆"命令，绘制 6 个空间圆：圆 1 的圆心坐标值（0，0，0），半径为 100mm；圆 2 的圆心坐标值（0，0，100），半径为 70mm；圆 3 的圆心坐标值（0，0，200），半径为 70mm；圆 4 的圆心坐标值（0，0，300），半径为 100mm；圆 5 的圆心坐标值（0，0，350），半径为 50mm；圆 6 的圆心坐标值（0，0，390），半径为 50mm。如

图5-20所示。

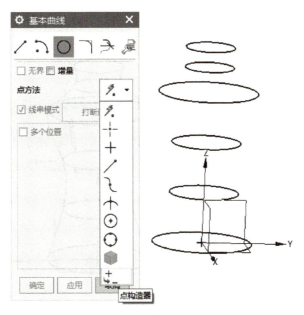

图5-20 创建瓶身空间圆

(三)绘制瓶身艺术样条曲线

单击"菜单"→"插入"→"曲线"→"艺术样条"按钮,或单击"曲线"工具栏中的"艺术样条"按钮,系统弹出"艺术样条"对话框。选择"通过点"类型,"次数"设置为"3",取消勾选"封闭"和"关联"的复选按钮,默认其他选项设置,打开捕捉工具栏中的"象限点"功能,如图5-21所示。依次拾取圆6、圆5、圆4、圆3、圆2、圆1相应的象限点,单击"确定"或"应用"按钮,完成第1条艺术样条的绘制;同理,完成另一侧的第2条艺术样条的绘制,如图5-22所示。

图5-21 捕捉工具栏

(四)创建瓶身曲面

单击"菜单"→"插入"→"网格曲面"→"通过曲线网格"按钮,或单击"曲面"工具栏中"通过曲线网格"按钮,系统弹出"通过曲线网格"对话框。依次选取6个空间圆作为"主曲线",并分别单击鼠标中键确认;再次单击鼠标中键确认后分别选取两条艺术样条曲线作为"交叉曲线"(交叉曲线共有3条,第1条交叉曲线和第3条交叉曲线为同一条),分别单击鼠标中键确认;设置"体类型"为"片体",默认其他选项设置,单击"确定"或"应用"按钮,完成瓶身曲面的创建,如图5-23所示。

注:在选取主曲线串和交叉曲线串时,要使线串的方向在同一侧,并且方向相同(双击箭头,可调整截面线串的方向),否则生成的曲面会产生扭曲。

图 5-22 绘制瓶身艺术样条

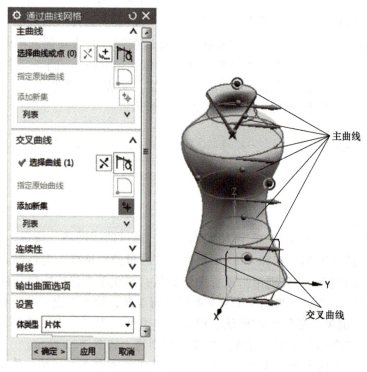

图 5-23 创建瓶身曲面

项目五　曲面造型

（五）创建瓶底曲面

单击"菜单"→"插入"→"网格曲面"→"N边曲面"按钮，或单击"曲面"工具栏中的"N边曲面"按钮，系统弹出"N边曲面"对话框。选择"三角形"类型；"外环"曲线选择为底部的圆1；打开"形状控制"选项组，拖动"Z"按钮使得底部向内凹进些许即可，默认其他选项设置，单击"确定"或"应用"按钮，完成瓶底曲面的创建，如图5-24所示。

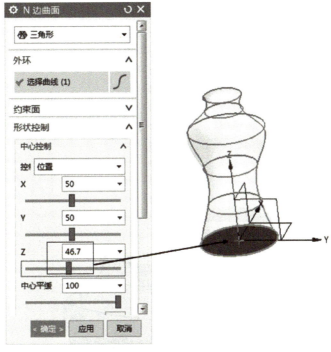

图 5-24　创建瓶底曲面

（六）曲面倒圆

单击"菜单"→"插入"→"细节特征"→"面倒圆"按钮，或单击"曲面"工具栏中的"面倒圆"按钮，系统弹出"面倒圆"对话框。选择"双面"类型；面1选择为瓶身曲面，面2选择为瓶底曲面；设置"形状"为"圆形"，"半径"输入为"10mm"，默认其他选项设置，单击"确定"或"应用"按钮，完成瓶身与瓶底曲面倒圆，如图5-25所示。

（七）加厚曲面

单击"菜单"→"插入"→"偏置/缩放"→"加厚"按钮，系统弹出"加厚"对话框，选择已倒圆的曲面片体作为加厚面；在"偏置1"文本框中输入"5mm"，在"偏置2"文本框中输入"0mm"，使曲面片体往内加厚5mm，单击"确定"或"应用"按钮，完成曲面片体加厚，如图5-26所示。

图 5-25 瓶身与瓶底曲面倒圆

图 5-26 加厚曲面片体

（八）瓶口边倒圆

单击"菜单"→"插入"→"细节特征"→"边倒圆"按钮，系统弹出"边倒圆"对话框。选择瓶口处的棱角边，设置"形状"为"圆形"，"半径1"为"2mm"，单击"确定"或"应用"按钮，完成瓶口边倒圆角，如图 5-27 所示。至此，完成花瓶的三维建模。

项目五　曲面造型

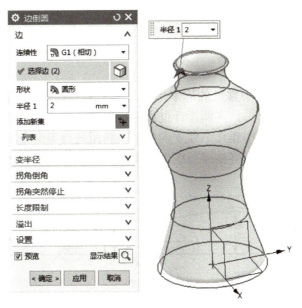

图 5-27　瓶口边倒圆

(九) 隐藏曲面片体及空间曲线

单击"菜单"→"编辑"→"显示和隐藏"→"隐藏"按钮，系统弹出"类选择"对话框，选择所有曲线以及片体，单击"确定"按钮，完成对象隐藏，如图 5-28 所示。

图 5-28　花瓶三维建模完成图

(十) 保存文件

单击"文件"→"保存"菜单命令，保存所创建的花瓶模型文件。

任务四 吹风机外壳设计

一、实例分析

吹风机是人们日常生活中常见的居家用品。本实例主要是根据图 5-29 所示图例对吹风机外壳进行三维建模设计。该实例设计过程为：创建吹风机外壳的一系列草图曲线或空间曲线→利用所创建的曲线构建几个独立的曲面→利用缝合等命令将独立的曲面生成一个整体面组→利用"加厚"命令将整体面组生成实体模型，最后创建尾部通风口。

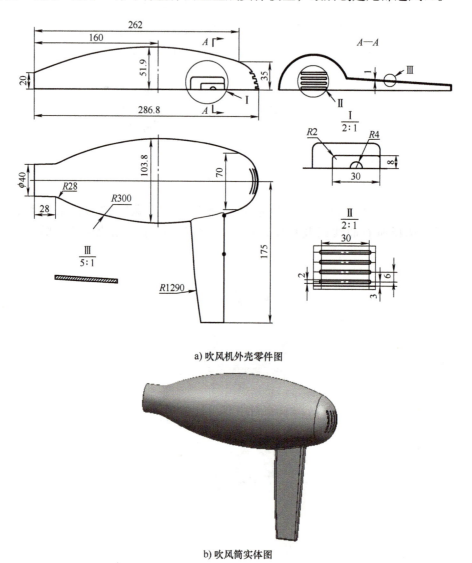

a) 吹风机外壳零件图

b) 吹风筒实体图

图 5-29 吹风机外壳零件图和实体图

本实例主要介绍绘制草图曲线、来自曲线集的曲线、通过曲线网格创建曲面、通过曲线组创建曲面、扫掠、修剪片体、缝合片体、有界平面、边倒圆、曲面倒圆、加厚曲面、拉伸等特征的创建方法，以及对象显示和隐藏的操作方法。

二、操作步骤

（一）新建文件

在 UG NX12.0 的初始窗口中单击"文件"→"新建"按钮，系统弹出"新建"对话框。在"模板"列表中选择"模型"，设置"单位"为"毫米"，输入文件名称为"吹风机外壳.prt"，并在"文件夹"中选择文件的保存路径，单击"确定"按钮，进入 UG 用户主窗口。

（二）绘制截面草图（一）

单击"菜单"→"插入"→"在任务环境中绘制草图"按钮，系统弹出"创建草图"对话框。设置"草图类型"为"在平面上"；"草图平面"指定为 XC-YC 平面；"草图方向"中的"参考"为"水平"，"指定矢量"为"XC"；"草图原点"指定为工作坐标系原点（0，0，0）。单击"确定"按钮，进入草图工作环境，绘制图 5-30 所示的截面草图（一）。

注：设置"连续自动标注尺寸" 功能为关闭状态。

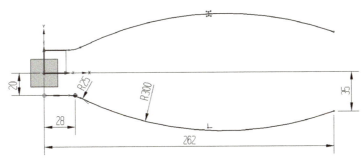

图 5-30 截面草图（一）

（三）绘制截面草图（二）

1）单击"菜单"→"插入"→"在任务环境中绘制草图"按钮，系统弹出"创建草图"对话框。设置"草图类型"为"在平面上"；"草图平面"指定为 YC-ZC 平面；"草图方向"中的参考为"水平"，"指定矢量"为"YC"，"草图原点"指定为工作坐标系原点（0，0，0）。单击"确定"按钮，进入草图工作环境。

2）单击"圆弧"按钮，选择"中心与端点定圆弧"方法，圆心设置为工作坐标系原点，圆弧上的点为草图（一）的左端点，绘制图 5-31 所示的截面草图（二）。

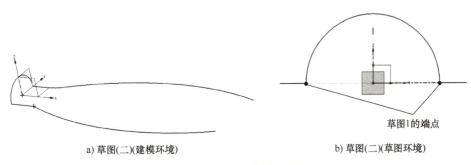

a) 草图(二)(建模环境)　　　b) 草图(二)(草图环境)

图 5-31 截面草图（二）

(四)绘制截面草图(三)

1)单击"菜单"→"格式"→"WCS"→"显示"按钮,显示工作坐标系;再单击"菜单"→"格式"→"WCS"→"原点"按钮,打开"点"对话框,设置"参考"为"WCS",输入坐标值(160,0,0)。单击"确定"按钮,完成工作坐标系原点位置的移动,如图5-32所示。

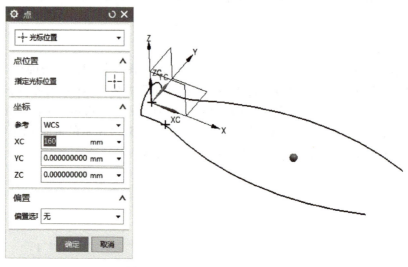

图5-32 移动工作坐标系(一)

2)单击"菜单"→"插入"→"在任务环境中绘制草图"按钮,系统弹出"创建草图"对话框。设置"草图类型"为"在平面上";"草图平面"指定为YC-ZC平面;"草图方向"中的"参考"为"水平","指定矢量"为"YC","草图原点"指定为工作坐标系原点(0,0,0)。单击"确定"按钮,进入草图工作环境。

3)单击"菜单"→"插入"→"来自曲线集的曲线"→"交点"按钮,打开"交点"对话框,如图5-33所示。勾选"关联"复选按钮,分别选择草图(一)中的两条R300mm的圆弧,创建草图平面与草图(一)的两个交点,如图5-34所示。

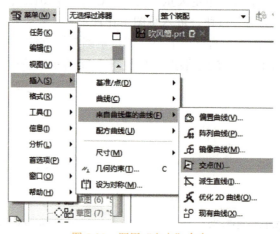

图5-33 调用"交点"命令

项目五 曲面造型

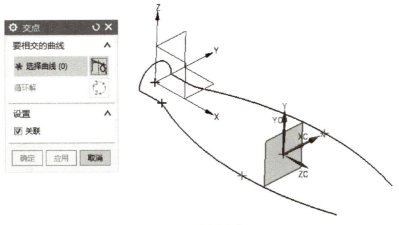

图 5-34 创建交点

4）单击"圆弧"按钮，选择"中心与端点定圆弧"方法，设置圆心为工作坐标系原点，圆弧上的点为草图（一）与草图平面的交点，绘制图 5-35 所示的截面草图（三）。

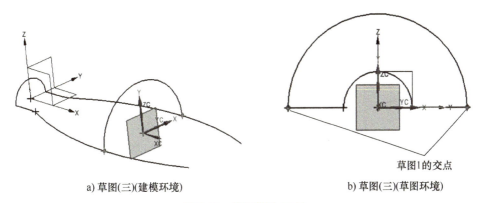

a) 草图(三)(建模环境)　　b) 草图(三)(草图环境)

图 5-35 截面草图（三）

（五）绘制截面草图（四）

1）单击"菜单"→"格式"→"WCS"→"原点"按钮，打开"点"对话框，设置"参考"为"WCS"，输入坐标值（102，0，0），单击"确定"按钮，完成工作坐标系原点位置的移动，如图 5-36 所示。

2）单击"菜单"→"插入"→"在任务环境中绘制草图"按钮，系统弹出"创建草图"对话框。设置"草图类型"为"在平面上"；"草图平面"指定为 YC-ZC 平面；"草图方向"中的"参考"为"水平"，"指定矢量"为"YC"，"草图原点"指定为工作坐标系原点（0，0，0）。单击"确定"按钮，进入草图工作环境。

3）单击"圆弧"按钮，选择"中心与端点定圆弧"方法，设置圆心为工作坐标系原点，圆弧上的点为草图（一）的右端点，绘制图 5-37 所示的截面草图（四）。

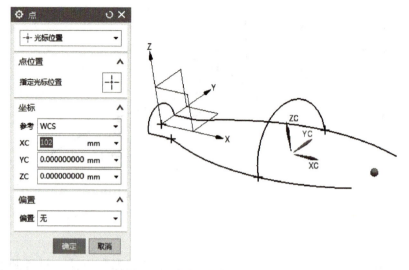

图 5-36　移动工作坐标系（二）

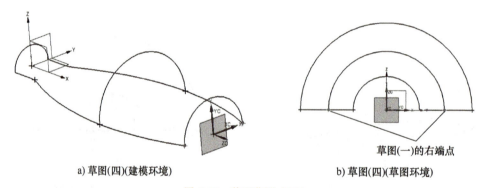

a) 草图(四)(建模环境)　　　　b) 草图(四)(草图环境)

图 5-37　截面草图（四）

（六）绘制截面草图（五）

1）单击"菜单"→"插入"→"在任务环境中绘制草图"按钮，系统弹出"创建草图"对话框。设置"草图类型"为"在平面上"；"草图平面"指定为 XC-YC 平面；"草图方向"中的"参考"为"水平"，"指定矢量"为"XC"，"草图原点"指定为工作坐标系原点（0，0，0）。单击"确定"按钮，进入草图工作环境。

2）单击"圆弧"按钮，选择"三点定圆弧"方法，圆弧起点和终点分别设置为草图（一）的右端点，并约束圆弧与草图（一）的 R300mm 圆弧相切，绘制图 5-38 所示的截面草图（五）。

（七）绘制截面草图（六）

1）单击"菜单"→"格式"→"WCS"→"WCS 设为绝对"按钮，移动工作坐标系原点至绝对坐标位置，如图 5-39 所示。

项目五 曲面造型

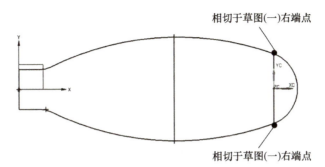

图 5-38 截面草图（五）

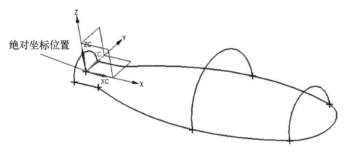

图 5-39 移动工作坐标系（三）

2）单击"菜单"→"插入"→"在任务环境中绘制草图"按钮，系统弹出"创建草图"对话框。设置"草图类型"为"在平面上"；"草图平面"指定为 XC-YC 平面；"草图方向"中的"参考"为"水平"，"指定矢量"为"XC"，"草图原点"指定为工作坐标系原点（0，0，0）。单击"确定"按钮，进入草图工作环境，绘制图 5-40 所示的截面草图（六）。

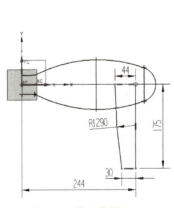

图 5-40 截面草图（六）

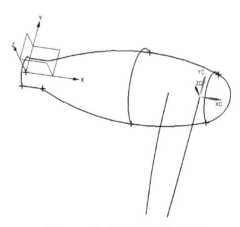

图 5-41 移动工作坐标系（四）

（八）绘制截面草图（七）

1）单击"菜单"→"格式"→"WCS"→"原点"按钮，移动工作坐标系原点至草图（六）中竖直线的上端点，如图 5-41 所示。

2）单击"菜单"→"插入"→"在任务环境中绘制草图"按钮，系统弹出"创建草图"对话框。设置"草图类型"为"在平面上"；"草图平面"指定为XC-ZC平面；"草图方向"中的"参考"为"水平"，"指定矢量"为"XC"；"草图原点"指定为工作坐标系原点（0，0，0）。单击"确定"按钮，进入草图工作环境，绘制图5-42所示的截面草图（七）。

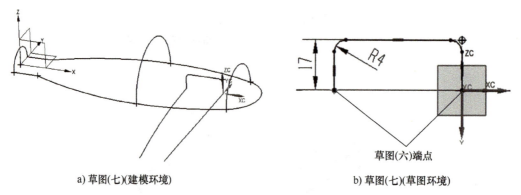

a) 草图(七)(建模环境)　　　　　　　　　b) 草图(七)(草图环境)

图5-42　截面草图（七）

（九）绘制截面草图（八）

1）单击"菜单"→"格式"→"WCS"→"原点"按钮，移动工作坐标系原点至草图（六）中竖直线的下端点，如图5-43所示。

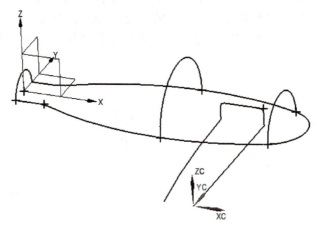

图5-43　移动工作坐标系（五）

2）单击"菜单"→"插入"→"在任务环境中绘制草图"按钮，系统弹出"创建草图"对话框。设置"草图类型"为"在平面上"；"草图平面"指定为XC-ZC平面；"草图方向"中的"参考"为"水平"，"指定矢量"为"XC"；"草图原点"指定为工作坐标系原点（0，0，0）。单击"确定"按钮，进入草图工作环境，绘制图5-44所示的截面草图（八）。

项目五　曲面造型

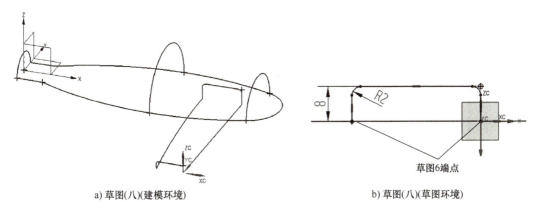

a) 草图(八)(建模环境)　　　　　　b) 草图(八)(草图环境)

图 5-44　截面草图（八）

草图（一）～草图（八）完成效果如图 5-45 所示。

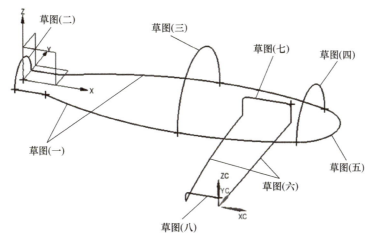

图 5-45　草图完成效果

（十）创建曲面（一）

单击"菜单"→"插入"→"网格曲面"→"通过曲线网格"按钮，打开"通过曲线网格"对话框，依次选取草图（二）、草图（三）、草图（四）的曲线作为"主曲线"，并分别单击鼠标中键确认；再次单击鼠标中键后依次选取草图（一）的两条曲线作为"交叉曲线"，并分别单击鼠标中键确认；默认其他选项设置，单击"确定"按钮，完成曲面（一）的创建，如图 5-46 所示。

（十一）创建曲面（二）

单击"菜单"→"插入"→"网格曲面"→"通过曲线组"按钮，打开"通过曲线组"对话框。依次选取草图（四）、草图（五）的曲线作为"截面曲线"，并分别单击鼠标中键确认；在"连续性"选项组中的"第一个截面"下拉列表选择"G1（相切）"，然后选取图 5-46 所示的曲面（一）作为约束面；设置"体类型"为"片体"，默认其他选项设置，单击"确定"按钮，完成曲面（二）的创建，如图 5-47 所示。

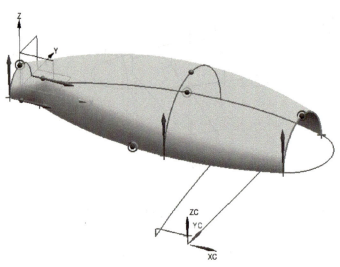

图 5-46　曲面（一）

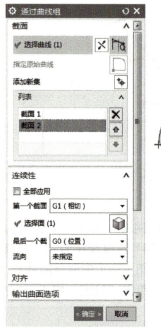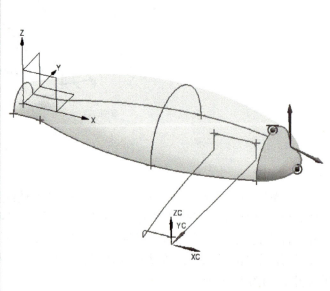

图 5-47　曲面（二）

（十二）创建曲面（三）

首先按 <Ctrl+B> 隐藏功能的快捷键，隐藏曲面（一）和曲面（二）。

单击"菜单"→"插入"→"扫掠"→"扫掠"按钮，或单击曲面工具栏中的"扫掠"按钮，打开"扫掠"对话框。在"曲线规则"下拉列表中选择"相切曲线"，依次选择草图（七）和草图（八）中的曲线作为"截面"线，并分别单击鼠标中键确认；再次单击鼠标中键确认后依次选择草图（六）中的两条曲线作为"引导线"，并分别单击鼠标中键确认；"体类型"设置为"片体"，默认其他选项设置，单击"确定"或"应用"按钮，完成曲面（三）的创建，如图 5-48 所示。

注：在选取截面线串时，要使截面线串的方向在同一侧，否则生成的扫掠曲面会产生扭曲。

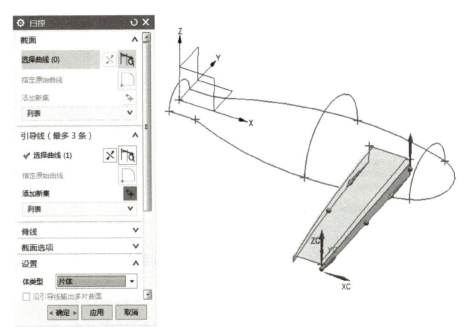

图 5-48　曲面（三）

（十三）绘制截面草图（九）

首先按 <Ctrl+B> 隐藏功能的快捷键，隐藏曲面（一）、曲面（二）和曲面（三）。

使工作坐标系原点置于草图（六）中竖直线的下端点，单击"菜单"→"插入"→"在任务环境中绘制草图"按钮，系统弹出"创建草图"对话框。设置"草图类型"为"在平面上"；"草图平面"指定为 XC-ZC 平面；"草图方向"中的"参考"为"水平"，"指定矢量"为"XC"；"草图原点"指定为工作坐标系原点（0，0，0）。单击"确定"按钮，进入草图工作环境，绘制图 5-49 所示的截面草图（九）。

（十四）创建有界平面

单击"菜单"→"插入"→"曲面"→"有界平面"按钮，或单击"曲面"工具栏中的"有界平面"按钮 ，系统弹出"有界平面"对话框。选择草图（九）中的相连曲线为"平截面"线串，单击"确定"或"应用"按钮，完成有界平面的创建，如图 5-50 所示。

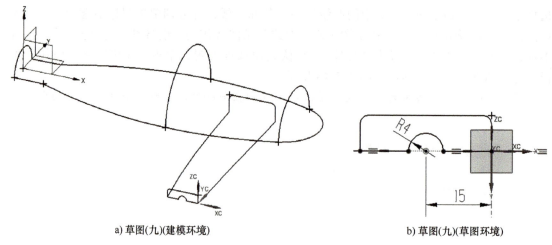

a) 草图(九)(建模环境)　　　　b) 草图(九)(草图环境)

图 5-49　截面草图（九）

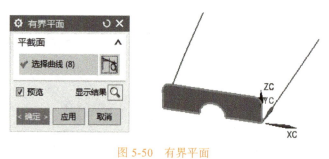

图 5-50　有界平面

曲面（一）、曲面（二）、曲面（三）及有界平面的完成效果如图 5-51 所示。

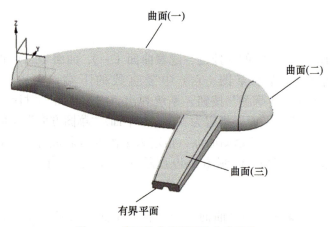

图 5-51　曲面及有界平面的完成效果

（十五）修剪片体

修剪曲面（一）和曲面（三）的多余部分，如图 5-52 所示。

项目五　曲面造型

图 5-52　曲面修剪部分

1）修剪曲面（三）的多余部分。单击"菜单"→"插入"→"修剪"→"修剪片体"按钮，或单击"曲面"工具栏中的"修剪片体"按钮，打开"修剪片体"对话框。选择曲面（三）中需要修剪的部分作为"目标"片体，单击鼠标中键确认；然后选择曲面（一）作为"边界"对象；在"区域"选项组中选中"放弃"单选按钮，单击"确定"或"应用"按钮，完成曲面（三）中多余部分的修剪，如图 5-53 所示。

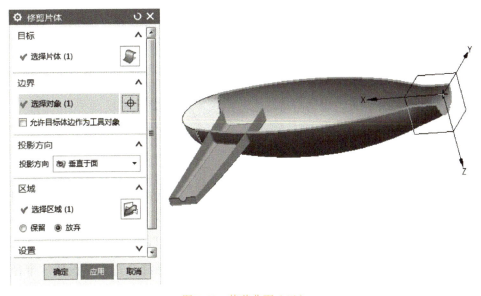

图 5-53　修剪曲面（三）

2）同理完成曲面（一）中多余部分的修剪。修剪完成后效果如图 5-54 所示。

图 5-54　修剪片体后效果

（十六）缝合片体

1）缝合修剪后的曲面（一）和曲面（二）。单击"菜单"→"插入"→"组合"→"缝合"按钮，或单击"曲面"工具栏中的"缝合"按钮📖，打开"缝合"对话框。选择曲面（一）作为"目标"片体；选择曲面（二）作为"工具"片体；设置"体类型"为"片体"，单击"确定"或"应用"按钮，完成曲面（一）和曲面（二）片体的缝合，如图 5-55 所示。

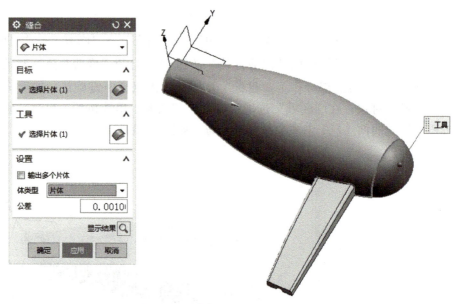

图 5-55　缝合曲面（一）和曲面（二）

2）重复以上操作，缝合曲面（一）和曲面（三），以及缝合曲面（三）和有界平面。

（十七）倒圆角

1）曲面（一）和曲面（三）缝合后的边倒圆。单击"菜单"→"插入"→"细节特征"→"边倒圆"按钮，打开"边倒圆"对话框。选择缝合边缘，设置"半径1"为"2mm"，单击"确定"按钮，完成边倒圆，如图 5-56 所示。

2）曲面（三）和有界平面缝合后的面倒圆。单击"菜单"→"插入"→"细节特征"→"面倒圆"按钮，或单击"曲面"工具栏中的"面倒圆"按钮，打开"面倒圆"对话框。分别选择曲面（三）和有界平面，设置"半径"为"1.5mm"，单击"确定"或"应用"按钮，完成面倒圆。完成倒圆后的效果如图 5-57 所示。

（十八）加厚片体

单击"菜单"→"插入"→"偏置/缩放"→"加厚"按钮，打开"加厚"对话框。选择已倒圆的曲面片体作为加厚面，设置"偏置1"为"1mm"，"偏置2"为"0mm"，使曲面片体往内加厚1mm，单击"确定"或"应用"按钮，完成曲面片体的加厚，如图 5-58 所示。

项目五 曲面造型

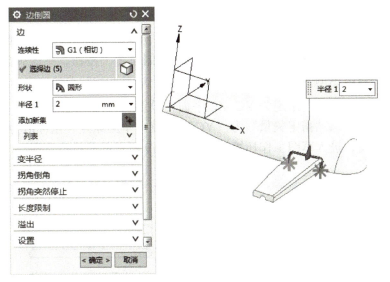

图 5-56 边倒圆

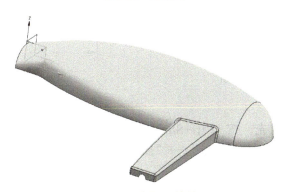

图 5-57 倒圆后效果

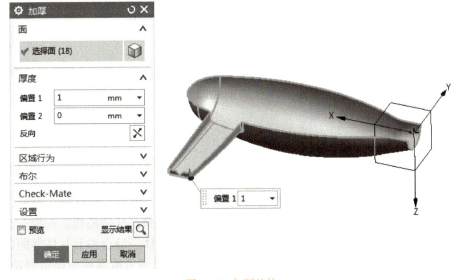

图 5-58 加厚片体

（十九）创建通风口

1）绘制通风口草图。首先，按 <Ctrl+B> 隐藏功能的快捷键，隐藏曲面组片体及实体。单击"菜单"→"插入"→"在任务环境中绘制草图"按钮，系统弹出"创建草图"对话框。设置"草图类型"为"在平面上"；设置"草图平面"中的"平面方法"为"按某一距离"，"草图平面"指定为 YC-ZC 平面，设置距离为"262mm"，"草图方向"中的"参考"为"水平"，"指定矢量"为"YC"；设置"草图原点"坐标值为（262，0，0）。单击"确定"按钮，进入草图工作环境，绘制图 5-59 所示的通风口草图。

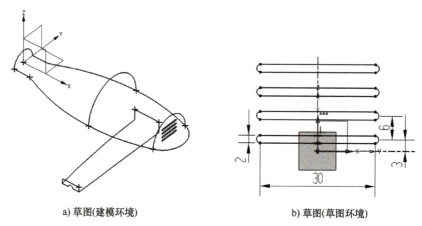

a) 草图(建模环境)　　　　　　b) 草图(草图环境)

图 5-59　通风口草图

2）创建通风口。首先，按 <Ctrl+Shift+K> 显示功能的快捷键，选择实体显示。单击"菜单"→"插入"→"设计特征"→"拉伸"按钮，打开"拉伸"对话框，选择草图中的四条相连曲线；设置"开始距离"为"0mm"，"结束距离"为"30mm"，"布尔"为"  减去"，默认其他选项设置，单击"确定"按钮，完成通风口的创建。至此，完成吹风机外壳的三维建模设计，如图 5-60 所示。

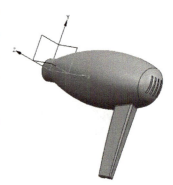

图 5-60　吹风机外壳三维模型

（二十）保存文件

单击"文件"→"保存"按钮，保存所创建的吹风机外壳模型文件。

小　结

本项目主要介绍了 UG NX12.0 的曲面造型编辑，以五角星、台灯罩、花瓶、吹风机外壳为实例，介绍了直纹曲面、通过曲线组、通过曲线网格、N 边曲面、扫掠、有界平面等曲面造型特征，以及曲面倒圆、加厚曲面、修剪曲面片体、缝合曲面片体等曲面造型的编辑命令。通过实例曲面造型的一般创建步骤，重点要求读者能掌握曲面造型特征命令，能熟练绘制一般复杂图形，并灵活掌握曲面造型过程中的各种绘图技巧。

根据图 5-61~图 5-65 所示零件图和三维模型图，练习曲面编辑。

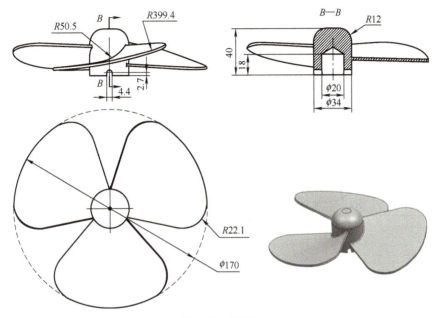

图 5-61 练习一

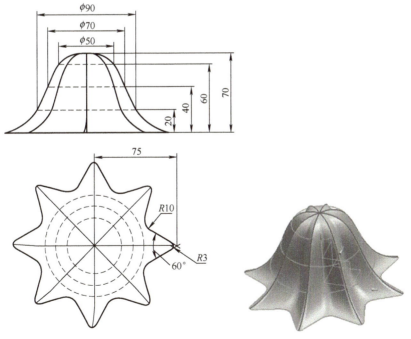

图 5-62 练习二

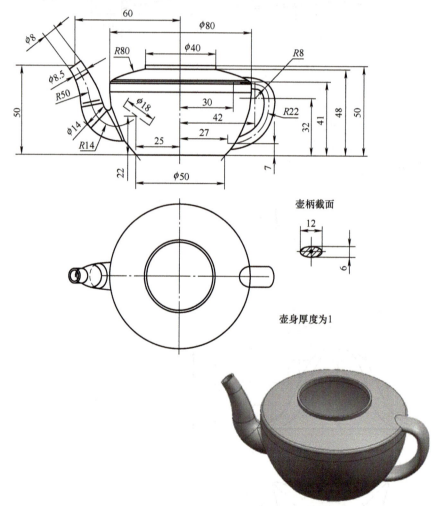

图 5-63 练习三

项目五 曲面造型

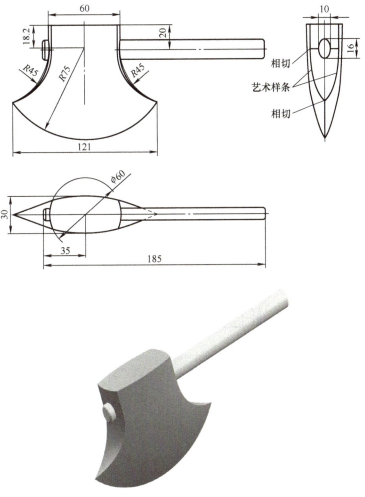

图 5-64 练习四

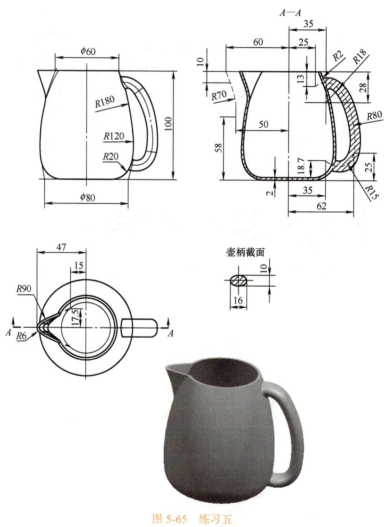

图 5-65 练习五

项目六

零件装配

本项目主要介绍 UG NX 12.0 基本装配模块的使用方法，包括添加组件、创建新组件、编辑组件、组件关联、组件阵列及爆炸图、装配序列等。

UG NX 12.0 装配过程是将产品的各个部件进行组织和定位的一个过程。装配的过程实际就是在部件之间建立起相互约束的关系，它是通过关联条件在部件间创建约束关系来确定部件在产品中的位置的。UG NX 12.0 装配模块不仅能快速组合零部件使之成为产品，而且在装配中，可参照其他部件进行部件关联设计，并可对装配模型进行间隙分析、重量管理等操作。装配模型生成后，可创建爆炸视图、装配序列等，并可将其引到装配工程图中。

教学重点和难点：装配的定位与爆炸图生成。

知识目标

1）熟悉装配的工作环境。
2）掌握装配命令的使用。
3）掌握装配约束方法与部件定位。
4）掌握装配中部件几何体引用集的设置。
5）掌握装配爆炸图的生成。

能力目标

1）具备建立装配部件的能力。
2）具备使用装配约束命令的能力。
3）具备空间思维能力。
4）掌握移动装配的技能。

在装配中，部件的几何体是被装配模块引用的，而不是复制到装配模块中。不管如何编辑部件和在何处编辑部件，整个装配部件都保持关联性。若某部件被修改，则引用它的装配体将自动更新，反映部件的最新变化。

装配功能是通过系统提供的装配模块来实现的。单击"装配"选项卡，显示装配模块相应操作的工具栏，如图 6-1 所示。

图 6-1 "装配"选项卡

单击绘图区左侧资源条中的"装配导航器"按钮，可以打开"装配导航器"。"装配导航器"是反映装配组件间关系的一个树形结构，能够清晰地看到装配的组件组成，以及可以控制各个部件在组件里的参数显示。在"装配导航器"中用鼠标右键单击任意一个部件节点，可以在右键快捷菜单中选择"设为工作部件""在窗口中打开""替换引用集"等各项命令，如图 6-2 所示。

图 6-2 "装配导航器"操作列表

任务一　台虎钳装配

一、实例分析

本实例为台虎钳的装配，通过该实例的操作，介绍装配模块的设置、装配的约束用法。台虎钳爆炸图如图 6-3 所示。

项目六 零件装配

图 6-3 台虎钳爆炸图

本实例主要介绍装配概念、装配导航器、引用集内容，以及在装配中添加组件、装配约束等功能的操作。

二、操作步骤

（一）新建文件

在 UG NX12.0 的初始窗口中单击"文件"→"新建"按钮，系统弹出"新建"对话框。在"模板"列表中选择"装配"，设置"单位"为"毫米"，输入文件名称为"台虎钳装配.prt"，并在"文件夹"中选择文件的保存路径，单击"确定"按钮，进入 UG 用户主窗口。

注：装配体文件必须与所有零件文件同在一个保存路径，即同在一个文件夹。

（二）打开"装配"选项卡

单击"装配"选项卡，显示装配模块相应操作的工具栏。

（三）添加钳座

单击"组件"工具栏中的"添加"按钮，系统弹出"添加组件"对话框。在"选择部件"处单击文件夹按钮，找到要装配零件的保存路径，选择要装配的钳座文件；设置"位置"选项组中的"组件锚点"为"绝对坐标系"，"装配位置"为"绝对坐标系"，默认其他选项设置，单击"确定"或"应用"按钮（如单击"应用"按钮，则"添加组件"对话框不会关闭，以便下一步继续添加组件），完成钳座的加载装配，如图 6-4 所示。此时，在"装配导航器"中显示已加载装配的钳座零件节点。

（四）添加活动钳口

重复上一步的操作，在"添加组件"对话框中的"选择部件"处单击文件夹按钮，找到要装配零件的保存路径，选择要装配的活动钳口文件。设置"位置"选项组中的"组件锚点"为"绝对坐标系"，"装配位置"为"对齐"，默认其他选项设置，然后使用鼠标光标选中钳座面1，单击"确定"或"应用"按钮，完成活动钳口的加载，如图 6-5 所示。

 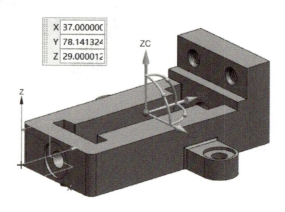

图 6-4 加载钳座

 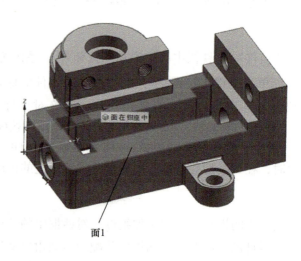

图 6-5 加载活动钳口

（五）装配活动钳口

单击"组件位置"工具栏中的"装配约束"按钮，系统弹出"装配约束"对话框。

1）选择"平行"约束类型，要约束的两个对象分别选择活动钳口的面 a 和钳座的面 2，如图 6-6 所示。

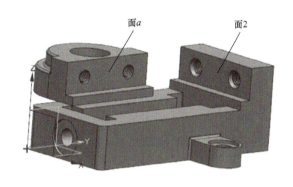

图 6-6 活动钳口平行约束

2）选择"距离"约束类型，要约束的两个对象分别选择活动钳口的面 a 和钳座的面 2，"距离"输入为"60mm"，如图 6-7 所示。

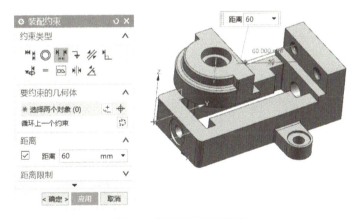

图 6-7 活动钳口距离约束

3）选择"接触对齐"约束类型，要约束的两个对象分别选择活动钳口的面 c 和钳座的面 1，以及活动钳口的面 b 和钳座的面 3，如图 6-8 所示。单击"确定"或"应用"按钮，完成活动钳口的装配约束。活动钳口装配完成效果如图 6-9 所示。

（六）添加虎口板

打开"添加组件"对话框，在"选择部件"处单击文件夹按钮，找到要装配零件的保存路径，选择要装配的虎口板文件。设置"位置"选项组中的"组件锚点"为"绝对坐标系"，"装配位置"为"对齐"，默认其他选项设置，然后使用鼠标光标选中钳座面 4，单击"确定"或"应用"按钮，完成虎口板的加载，如图 6-10 所示。

 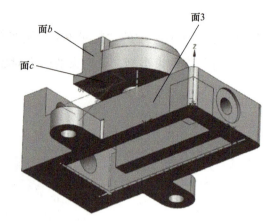

图 6-8　活动钳口接触对齐约束

图 6-9　活动钳口装配效果

 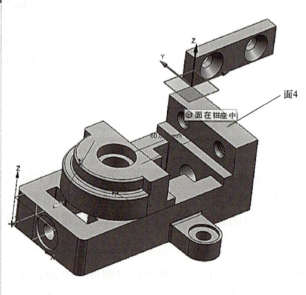

图 6-10　加载虎口板

（七）装配虎口板

单击"组件位置"工具栏中的"装配约束"按钮，系统弹出"装配约束"对话框。

1）选择"接触对齐"约束类型，要约束的两个对象分别选择虎口板的面 A 和钳座的面 2，如图 6-11 所示。

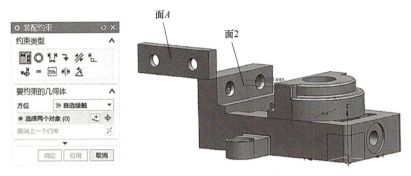

图 6-11　虎口板接触对齐约束

2）选择同心约束类型，要约束的两个对象分别选择虎口板背面的孔 a 和钳座面 2 上的孔 1，如图 6-12 所示。用同样的方法完成另一个螺丝孔的约束装配。单击"确定"或"应用"按钮，完成虎口板的约束装配。虎口板装配完成的效果如图 6-13 所示。

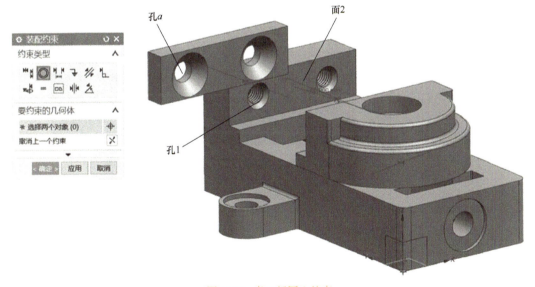

图 6-12　虎口板同心约束

（八）添加紧固螺钉

在"添加组件"对话框中的"选择部件"处单击文件夹按钮，找到要装配零件的保存路径，选择要装配的紧固螺钉文件。设置"位置"选项组中的"组件锚点"为"绝对坐标系"；"装配位置"为"对齐"，默认其他选项设置，然后使用鼠标光标选中钳座面 4，单击"确定"或"应用"按钮，完成紧固螺钉的加载，如图 6-14 所示。

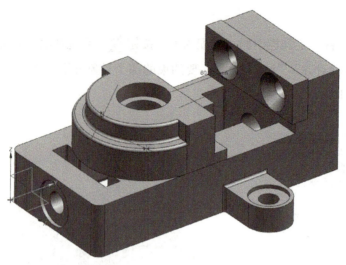

图 6-13 虎口板装配效果

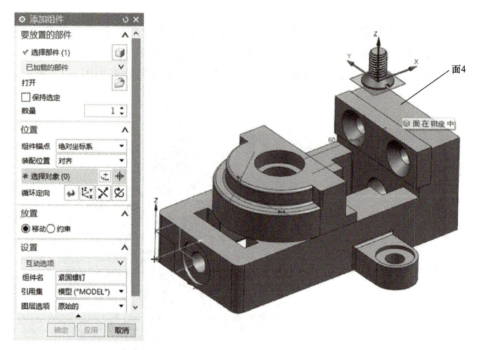

图 6-14 加载紧固螺钉

（九）装配紧固螺钉

单击"组件位置"工具栏中的"装配约束"按钮，系统弹出"装配约束"对话框。

1) 选择"接触对齐"约束类型，要约束的两个对象分别选择紧固螺钉的面 B 和虎口板的面 I，如图 6-15 所示。

项目六 零件装配

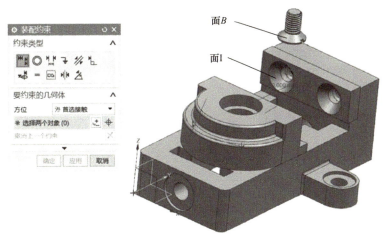

图 6-15 紧固螺钉接触对齐约束

2）选择"中心" 约束类型，设置"要约束的几何体"中的"子类型"为"1 对 2"，两个对象分别选择紧固螺钉的中心线 1 和虎口板锥形沉孔的中心线 2，如图 6-16 所示。单击"确定"或"应用"按钮，完成紧固螺钉的约束装配。

重复以上操作，完成另一颗紧固螺钉的装配，完成效果如图 6-17 所示。

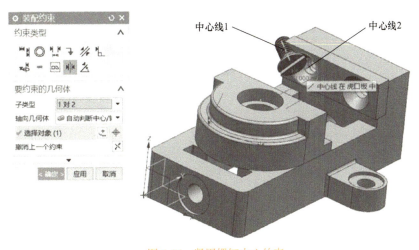

图 6-16 紧固螺钉中心约束

（十）加载装配另外一块虎口板及紧固螺钉

重复以上步骤，完成另外一块虎口板及紧固螺钉的装配，完成效果如图 6-18 所示。

（十一）添加方块螺母

打开"添加组件"对话框，在"选择部件"处单击文件夹按钮，找到要装配零件的保存路径，选择要装配的方块螺母文件；设置"位置"选项组中的"组件锚点"为"绝对坐标系"，"装配位置"为"对齐"，默认其他选项设置，然后使用鼠标光标选中钳座面 4，单击"确定"或"应用"按钮，完成方块螺母的加载，如图 6-19 所示。

131

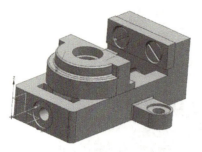
图6-17 紧固螺钉装配效果

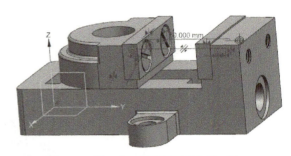
图6-18 另一虎口板及紧固螺钉装配效果

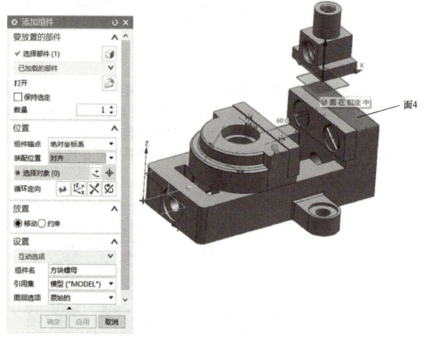
图6-19 加载方块螺母

（十二）装配方块螺母

单击"组件位置"工具栏中的"装配约束"按钮，系统弹出"装配约束"对话框。

选择"接触对齐"约束类型，设置"要约束的几何体"中的"方位"为"对齐"，要约束的两个对象分别选择方块螺母的中心线 2 和钳座的中心线 4。接着选择"中心"约束类型，设置"要约束的几何体"中的"子类型"为"1 对 2"，要约束的两个对象分别选择方块螺母的中心线 1 和活动钳口的沉头孔中心线 3，如图 6-20 所示。单击"确定"或"应用"按钮，完成方块螺母的约束装配，完成效果如图 6-21 所示。

（十三）添加盘头螺钉

打开"添加组件"对话框，在"选择部件"处单击文件夹按钮，找到要装配零件的保存路径，选择要装配的盘头螺钉文件；设置"位置"选项组中的"组件锚点"为"绝对坐标系","装配位置"为"对齐",默认其他选项设置,然后使用鼠标光标选中钳座面4,单击"确定"或"应用"按钮,完成盘头螺钉的加载,如图 6-22 所示。

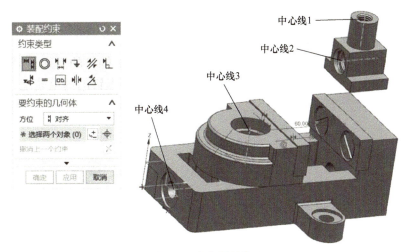

图 6-20　方块螺母装配

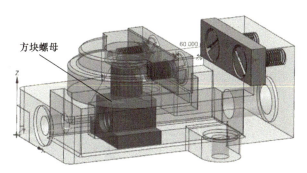

图 6-21　方块螺母的约束装配效果

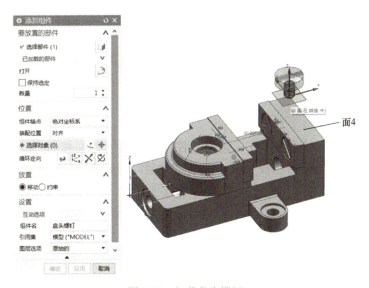

图 6-22　加载盘头螺钉

（十四）装配盘头螺钉

单击"组件位置"工具栏中的"装配约束"按钮，系统弹出"装配约束"对话框。

选择"中心"约束类型，设置"要约束的几何体"中的"子类型"为"1对2"，要约束的两个对象分别选择盘头螺钉的中心线1和活动钳口的沉头孔中心线3。接着选择"接触对齐"约束类型，要约束的两个对象分别选择盘头螺钉的面 a 和活动钳口面 a'，如图6-23所示。单击"确定"或"应用"按钮，完成盘头螺钉的约束装配，完成效果如图6-24所示。

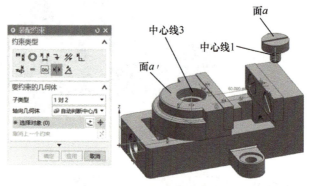

图 6-23　盘头螺钉装配

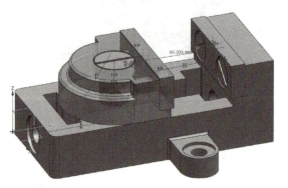

图 6-24　盘头螺钉装配效果

（十五）添加丝杆

打开"添加组件"对话框，在"选择部件"处单击文件夹按钮，找到要装配零件的保存路径，选择要装配的丝杆文件；设置"位置"选项组中的"组件锚点"为"绝对坐标系"，"装配位置"为"对齐"，默认其他选项设置，然后使用鼠标光标选择合适位置，单击鼠标左键放置丝杆。最后单击"确定"或"应用"按钮，完成丝杆的加载，如图6-25所示。

项目六 零件装配

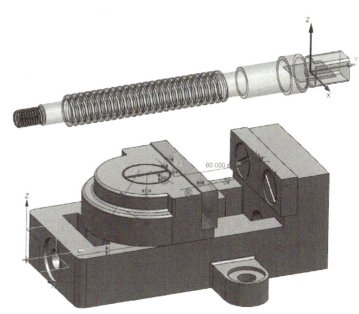

图 6-25 加载丝杆

（十六）装配丝杆

单击"组件位置"工具栏中的"装配约束"按钮，系统弹出"装配约束"对话框。

选择"接触对齐"约束类型，设置"要约束的几何体"中的"方位"为 对齐，要约束的两个对象分别选择丝杆中心线 1 和钳座中心线 2。接着选择"同心"约束类型，要约束的两个对象分别选择丝杆的圆心 1 和钳座的圆心 2，如图 6-26 所示。单击"确定"或"应用"按钮，完成丝杆的约束装配，完成效果如图 6-27 所示。

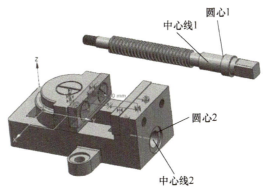

图 6-26 丝杆装配

135

图 6-27 丝杆装配效果

（十七）添加垫片

打开"添加组件"对话框，在"选择部件"处单击文件夹按钮，找到要装配零件的保存路径，选择要装配的垫片文件；设置"位置"选项组中的"组件锚点"为"绝对坐标系"，"装配位置"为"对齐"，默认其他选项设置，然后使用鼠标光标选择合适位置，单击鼠标左键放置垫片。最后单击"确定"或"应用"按钮，完成垫片的加载，如图 6-28 所示。

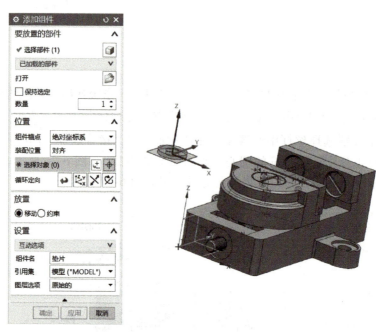

图 6-28 加载垫片

（十八）装配垫片

单击"组件位置"工具栏中的"装配约束"按钮，系统弹出"装配约束"对话框。

选择"平行"约束类型，要约束的两个对象分别选择垫片的面 a 和钳座的面 5。接着选择"同心"约束类型，要约束的两个对象分别选择垫片的圆心 1 和钳座的圆心

项目六 零件装配

2,如图 6-29 所示。单击"确定"或"应用"按钮,完成垫片的约束装配,完成效果如图 6-30 所示。

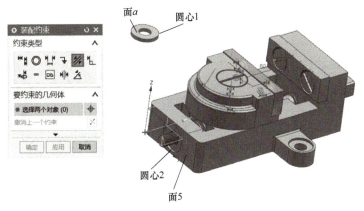

图 6-29 垫片装配

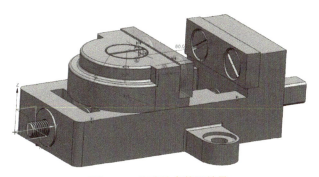

图 6-30 垫片约束装配效果

(十九)添加螺母

打开"添加组件"对话框,在"选择部件"处单击文件夹按钮,找到要装配零件的保存路径,选择要装配的螺母文件;设置"位置"选项组中的"组件锚点"为"绝对坐标系","装配位置"为"对齐",默认其他选项设置,然后使用鼠标光标选择合适位置,单击鼠标左键放置螺母。最后单击"确定"或"应用"按钮,完成螺母的加载,如图 6-31 所示。

(二十)装配螺母

单击"组件位置"工具栏中的"装配约束"按钮,系统弹出"装配约束"对话框。

选择"接触对齐"约束类型,设置"要约束的几何体"中的"方位"为 接触,要约束的两个对象分别选择螺母的面 c 和垫片的面 c'。修改"要约束的几何体"中的"方位"为 对齐,要约束的两个对象分别选择螺母中心线 1 和丝杆中心线 2,如图 6-32 所示。单击"确定"或"应用"按钮,完成螺母的约束装配,完成效果如图 6-33 所示。

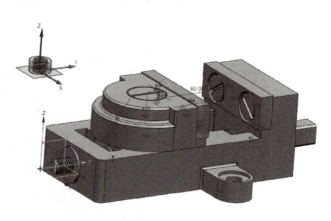

图 6-31 加载螺母

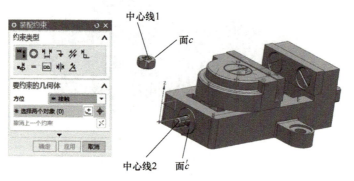

图 6-32 螺母装配

至此,台虎钳的所有零件装配完成,在"装配导航器"中显示所有加载装配的零件名称,如图 6-34 所示。

图 6-33 螺母约束装配效果　　　图 6-34 台虎钳"装配导航器"

（二十一）保存文件

单击"文件"→"保存"菜单命令，保存台虎钳的装配文件。

任务二 泵装配

一、实例分析

本实例为泵的装配，通过该实例的操作，介绍装配模块的设置、移动装配、约束装配的用法。泵的装配图及爆炸图如图6-35所示。

图6-35 泵的装配图及爆炸图

二、操作步骤

（一）新建文件

在UG NX12.0的初始窗口中单击"文件"→"新建"按钮，系统弹出"新建"对话框。在"模板"列表中选择"装配"，设置"单位"为"毫米"，输入文件名称为"泵装配.prt"，并在"文件夹"中选择文件的保存路径，单击"确定"按钮，进入UG用户主窗口。

（二）打开装配工具条

单击"装配"选项卡，显示装配模块相应操作的工具栏。

（三）添加泵体

单击"组件"工具栏中的"添加"按钮，系统弹出"添加组件"对话框。在"选择部件"处单击文件夹按钮，找到要装配零件的保存路径，选择要装配的泵体文件；设置"位置"选项组中的"组件锚点"为"绝对坐标系"，"装配位置"为"绝对坐标系"；打开"设置"选项组中的"互动选项"列表，勾选"启用预览窗口"，默认其他选项设置，单击"确定"按钮，完成泵体的加载，如图6-36所示。

图 6-36 加载泵体

（四）添加和装配驱动齿轮

在"添加组件"对话框中的"选择部件"处，单击文件夹按钮，找到要装配零件的保存路径，选择要装配的驱动齿轮文件；在"放置"选项组中勾选"约束"，选择"接触对齐"约束类型，要约束的两个对象分别选择驱动齿轮的面 a 和泵体的面 a'；选择"同心"约束类型，要约束的两个对象分别选择驱动齿轮的圆 b 和泵体的圆 b'，如图 6-37 所示。单击"确定"按钮，完成驱动齿轮的加载和装配。

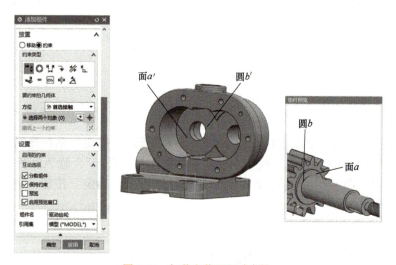

图 6-37 加载和装配驱动齿轮

（五）添加和装配从动齿轮

在"添加组件"对话框中的"选择部件"处单击文件夹按钮，找到要装配零件的保存路径，选择要装配的从动齿轮文件；在"放置"选项组中勾选"约束"，选择"接触对齐"约束类型，要约束的两个对象分别选择从动齿轮的面 c 和泵体的面 c'；选择"同心"约束类型，要约束的两个对象分别选择从动齿轮的圆 d 和泵体的圆 d'，如图 6-38 所示。单击"确定"按钮，完成从动齿轮的加载和装配。

项目六 零件装配

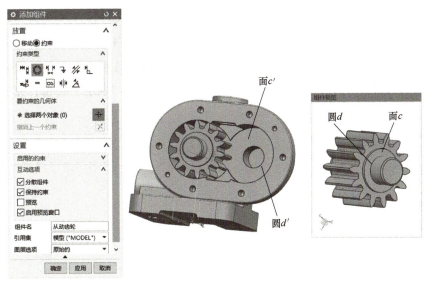

图 6-38　加载和装配从动齿轮

（六）添加和装配密封圈

为了方便操作，先隐藏驱动齿轮。在"添加组件"对话框中的"选择部件"处单击文件夹按钮，找到要装配零件的保存路径，选择要装配的密封圈文件；在"放置"选项组中勾选"约束"，选择"接触对齐"约束类型，要约束的两个对象分别选择密封圈的面 e 和泵体的面 e'，以及密封圈中心线 f 和泵体的中心线 f'，如图 6-39 所示。单击"确定"按钮，完成密封圈的加载和装配。

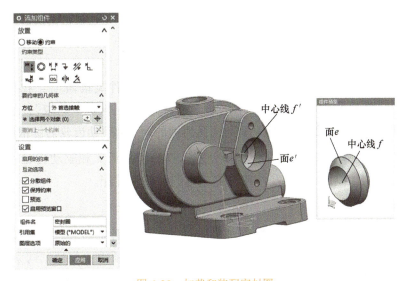

图 6-39　加载和装配密封圈

（七）添加和装配压盖

显示上一步隐藏的驱动齿轮。在"添加组件"对话框中的"选择部件"处单击文件夹按钮, 找到要装配零件的保存路径, 选择要装配的压盖文件; 在"放置"选项组中勾选"约束", 选择"接触对齐"![]约束类型, 要约束的两个对象分别选择压盖的面 g 和泵体的面 g'; 选择"同心"![]约束类型, 要约束的两个对象分别选择压盖的圆 h 和泵体的圆 h', 以及压盖的圆 i 和泵体的圆 i', 如图 6-40 所示。单击"确定"按钮, 完成压盖的加载和装配。

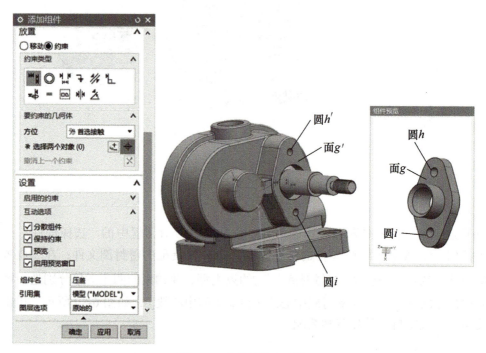

图 6-40　加载和装配压盖

（八）添加和装配键

在"添加组件"对话框中的"选择部件"处,单击文件夹按钮, 找到要装配零件的保存路径, 选择要装配的键文件; 在"放置"选项组中勾选"约束", 选择"接触对齐"![]约束类型, 要约束的两个对象分别选择为键的面 j 和驱动齿轮的键槽底面 j'; 选择"同心"![]约束类型, 要约束的两个对象分别选择为键的圆 k 和驱动齿轮的键槽底部圆 k', 如图 6-41 所示。单击"确定"按钮, 完成键的加载和装配。

（九）添加和装配密封垫片

在"添加组件"对话框中的"选择部件"处,单击文件夹按钮, 找到要装配零件的保存路径, 选择要装配的密封垫片文件; 在"放置"选项组中勾选"约束", 选择"接触对齐"![]约束类型, 要约束的两个对象分别选择密封垫片的面 l 和泵体的面 l'; 选择"同心"![]约束类型, 要约束的两个对象分别选择密封垫片的圆 m 和泵体的圆 m', 以及圆 n 和圆 n', 如图 6-42 所示。单击"确定"按钮, 完成密封垫片的加载和装配。

项目六 零件装配

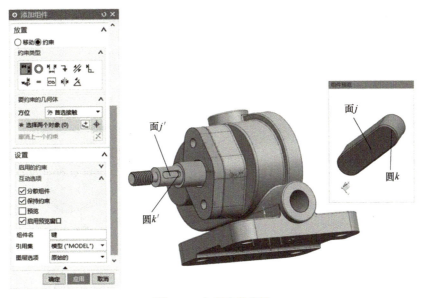

图 6-41 加载和装配键

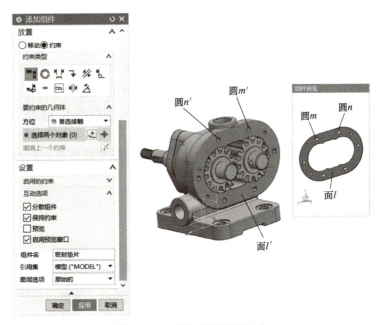

图 6-42 加载和装配密封垫片

（十）添加和装配端盖

在"添加组件"对话框中的"选择部件"处，单击文件夹按钮，找到要装配零件的保存路径，选择要装配的端盖文件；在"放置"选项组中勾选"约束"，选择"接触对齐"约束类型，要约束的两个对象分别选择端盖的面 o 和密封垫片的面 o'；选择"同心" 约束类型，要约束的两个对象分别选择端盖的圆 p 和密封垫片的圆 p'，以及圆 q

和圆 q'，如图 6-43 所示。单击"确定"按钮，完成端盖的加载和装配。

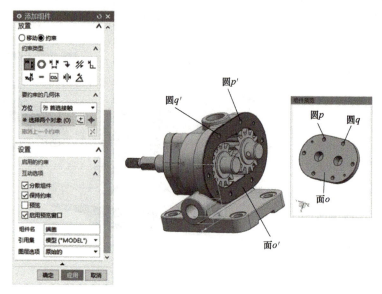

图 6-43　加载和装配端盖

（十一）添加和装配带轮

1）在"添加组件"对话框中的"选择部件"处单击文件夹按钮，找到要装配零件的保存路径，选择要装配的带轮文件；在"放置"选项组中勾选"约束"，选择"平行"约束类型，要约束的两个对象分别选择带轮的键槽底面 r 和键的上表面 r'；选择"接触对齐"约束类型，要约束的两个对象分别选择带轮端面 s 和驱动齿轮台阶面 s'，如图 6-44 所示。单击"确定"按钮，完成带轮的加载。完成加载后的带轮效果如图 6-45 所示。

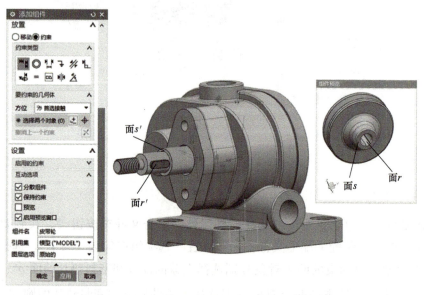

图 6-44　加载带轮

项目六 零件装配

图 6-45 带轮加载效果

2）单击"组件位置"工具栏中的"移动组件"按钮，系统弹出"移动组件"对话框。选中带轮为"要移动的组件"；设置"变换"中的"运动"为"点到点"，"指定出发点"为带轮端面圆 t 的圆心，"指定目标点"为驱动齿轮台阶圆 t' 的圆心，默认其他选项设置，如图 6-46 所示。单击"确定"按钮，完成带轮的装配，装配效果如图 6-47 所示。

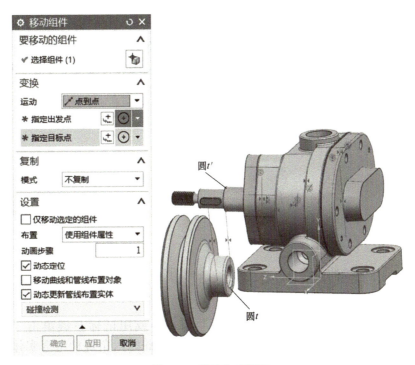

图 6-46 带轮移动装配

145

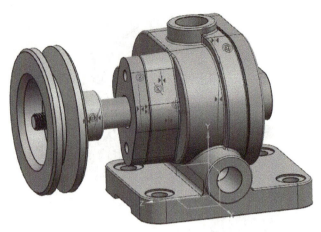

图 6-47 带轮装配效果

（十二）新建六角螺栓组合

1）单击"组件工具"栏中的"新建"按钮，系统弹出"新组件文件"对话框。输入"六角螺栓组合"文件名及选择文件的保存路径（与所有零件在同一保存路径），单击"确定"按钮后，在"新建组件"对话框中不选择任何对象，直接单击"确定"按钮，完成新零件"六角螺栓组合"的添加。此时，在"装配导航器"中出现新添加的"六角螺栓组合"节点。

2）在"装配导航器"或绘图区中用鼠标右键单击"六角螺栓组合"，在右键快捷菜单中选择"设为工作部件"。然后单击"组件"工具栏中的"添加"按钮，打开"添加组件"对话框，按照以上添加零件步骤，同时添加"六角螺栓""弹簧垫圈"和"平垫圈"三个零件，并在"组件预览"窗口中按图6-48a所示顺序进行装配。单击"确定"按钮，完成六角螺栓组合加载，如图6-48b所示。

a) 六角螺栓组合　　　　　　　　　b) 六角螺栓组合加载

图 6-48 六角螺栓组合及加载

3）在"装配导航器"中双击"泵装配"节点，或用鼠标右键单击"泵装配"节点，在右键快捷菜单中选择"设为工作部件"。如果此时六角螺栓组合实体不出现在装配图中，则用鼠标右键单击"六角螺栓组合"节点，在右键快捷菜单中选择"替换引用集"→"MODEL（模型）"或"Entire Part（整个部件）"。

项目六 零件装配

（十三）压盖装配六角螺栓组合

1）单击"组件位置"工具栏中的"移动组件"按钮，系统弹出"移动组件"对话框。选中已加载的六角螺栓组合为"要移动的组件"；设置"变换"中的"运动"为"点到点"，"指定出发点"为平垫圈圆 u 的圆心，"指定目标点"为压盖圆 u' 的圆心，默认其他选项设置，如图6-49所示。单击"确定"按钮，完成六角螺栓组合的移动装配。

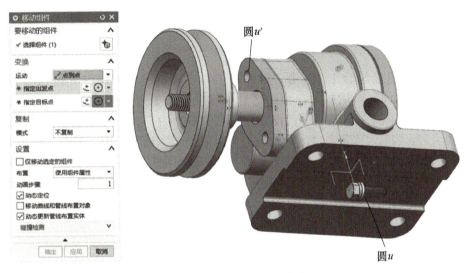

图6-49 六角螺栓组合移动装配

2）单击"组件"工具栏中的"添加"按钮，打开"添加组件"对话框。选择要装配的六角螺栓组合，装配另一组六角螺栓组合，装配效果如图6-50所示。

图6-50 压盖六角螺栓组合装配效果

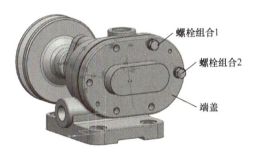

图6-51 端盖六角螺栓组合1、2装配

（十四）端盖装配六角螺栓组合

1）单击"组件"工具栏中的"添加"按钮，打开"添加组件"对话框，选择要装配的六角螺栓组合，分别完成端盖上的两组六角螺栓组合的装配，如图6-51所示。

2）单击"菜单"→"格式"→"WCS"→"显示"或"原点"按钮，显示工作坐标系，并将其原点移动至端盖面 v 中心，如图6-52所示。

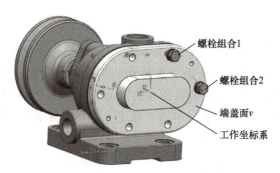

图 6-52　移动工作坐标原点至端盖面 v 中心

3）阵列装配螺栓组合 1。单击"组件"工具栏中的"阵列组件"按钮 阵列组件，系统弹出"阵列组件"对话框。在绘图区选中螺栓组合 1 为阵列对象，设置"布局"为"线性"；在"方向 1"选项组中，设置"指定矢量"为"XC"，"间距"为"数量和间隔"，"数量"为"2"，"节距"为"42mm"；在"方向 2"选项组中，勾选"使用方向 2"，设置"指定矢量"为"-YC"，"间距"为"数量和间隔"，"数量"为"2"，"节距"为"64mm"，默认其他选项设置，单击"确定"按钮，完成六角螺栓组合 1 的阵列装配，如图 6-53 所示。

图 6-53　六角螺栓组合 1 阵列装配

4）镜像装配螺栓组合 2。单击"组件"工具栏中的"镜像装配"按钮 镜像装配，系统弹出"镜像装配向导"对话框。单击"下一步"，在绘图区选中螺栓组合 2 为镜像对象后，再单击"下一步"，选择 YC-ZC 平面为镜像平面，然后单击"下一步"，在"目录规则"中勾选"将新部件添加到与其源相同的目录中"，如图 6-54 所示；继续单击"下一步"，最后完成六角螺栓组合 2 的镜像装配。

端盖的六角螺栓组合装配效果如图 6-55 所示。

项目六 零件装配

图 6-54 六角螺栓组合 2 镜像装配

图 6-55 端盖的六角螺栓组合装配效果

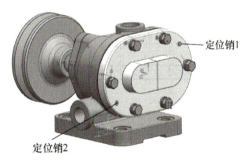

图 6-56 定位销装配效果

（十五）添加和装配定位销

单击"组件"工具栏中的"添加"按钮，打开"添加组件"对话框。选择要装配的定位销文件，分别完成端盖上的两颗定位销的装配，装配效果如图 6-56 所示。

（十六）新建垫片

1）单击"组件"工具栏中的"新建"按钮，系统弹出"新组件文件"对话框。输入"垫片"文件名及选择文件的保存路径（与所有零件在同一保存路径），单击"确定"按钮后，在"新建组件"对话框中不选择任何对象，直接单击"确定"按钮，完成新零件垫片的添加。此时，在"装配导航器"中出现新添加的"垫片"节点。

2）在"装配导航器"或绘图区中用鼠标右键单击"垫片"，在右键快捷菜单中选择"设为工作部件"。

3）单击"菜单"→"格式"→"WCS"→"原点"按钮，将工作坐标系原点移动至带轮圆 w 中心，如图 6-57 所示。

4）在工作坐标系所在位置，按图 6-58 所示垫片零件创建垫片实体。完成效果如图 6-59 所示。

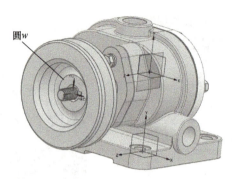

图 6-57 工作坐标系原点移动至圆 w 中心

图 6-58 垫片零件图

图 6-59 垫片三维模型

5）把"泵装配"节点设为工作部件，在"装配导航器"中用鼠标右键单击"垫片"节点，在右键快捷菜单中选择"替换引用集"→"MODEL"，显示垫片三维模型，如图 6-60 所示。

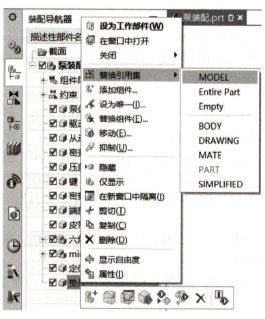

图 6-60 设置垫片引用集为 MODEL

项目六 零件装配

6）单击"组件位置"工具栏中的"装配约束"按钮，系统弹出"装配约束"对话框，对垫片进行约束装配。

（十七）添加和装配螺母

单击"组件"工具栏中的"添加"按钮，打开"添加组件"对话框。选择要装配的螺母文件，选择"接触对齐"约束类型，要约束的两个对象分别选择螺母的面 x 和垫片的面 x'，以及螺母的中心线 y 和驱动齿轮的中心线 y'，如图 6-61 所示。单击"确定"按钮，完成螺母的约束装配。

单击"菜单"→"格式"→"WCS"→"WCS 设为绝对"按钮，将工作坐标系移动至绝对坐标位置。

至此，泵所有的零件装配完成，在"装配导航器"中显示所有添加、装配的零件名称，装配效果如图 6-62 所示。

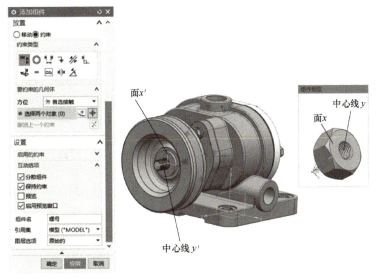

图 6-61 螺母约束装配

图 6-62 泵装配完成图

（十八）保存文件

单击"文件"→"保存"按钮，保存泵的装配体文件。

任务三　脚轮装配

一、实例分析

本实例为脚轮的装配，通过该实例的操作，介绍移动组件装配模块和爆炸图的编辑、装配序列的编辑。脚轮装配图及爆炸图如图 6-63 所示。

图 6-63　脚轮装配图及爆炸图

二、操作步骤

（一）新建文件

在 UG NX12.0 的初始窗口中单击"文件"→"新建"按钮，系统弹出"新建"对话框。在"模板"列表中选择"装配"，设置"单位"为"毫米"，输入文件名称为"脚轮装配.prt"，并在"文件夹"中选择文件的保存路径，单击"确定"按钮，进入 UG 用户主窗口。

（二）打开装配工具条

单击"装配"选项卡，显示装配模块相应操作的工具栏。

（三）添加、装配脚轮等 5 个零件

单击"组件"工具栏中的"添加"按钮，系统弹出"添加组件"对话框。在"选择部件"处单击文件夹按钮，找到要装配零件的保存路径，同时选择要装配的脚轮、轮轴、支架、转轴、紧固圈等 5 个零件文件，单击"确定"按钮，完成零件的加载，如图 6-64 所示。

项目六 零件装配

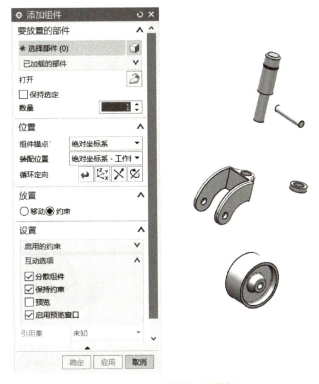

图 6-64 添加脚轮等 5 个零件

然后，以支架为基准件，把脚轮、轮轴、转轴、紧固圈分别移动装配到支架上。

（1）移动装配脚轮　单击"组件位置"工具栏中的"移动组件"按钮，系统弹出"移动组件"对话框。选中脚轮为要移动的组件，设置"变换"中的"运动"为"点到点"，"指定出发点"为脚轮的圆Ⅰ中心，"指定目标点"为支架的圆Ⅰ′中心，如图 6-65 所示。单击"应用"按钮，完成脚轮装配。

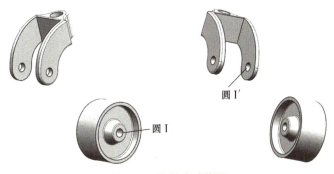

图 6-65 脚轮移动装配

（2）移动装配轮轴　重复以上操作，选中轮轴为要移动的组件，设置"指定出发点"为轮轴的圆Ⅱ中心，"指定目标点"为支架的圆Ⅱ′中心，如图 6-66 所示。单击"应用"按钮，完成轮轴装配。

（3）移动装配转轴　重复以上操作，选中转轴为要移动的组件，设置"指定出发点"

为转轴的圆Ⅲ中心,"指定目标点"为支架的圆Ⅲ′中心,如图6-67所示。单击"应用"按钮,完成转轴装配。

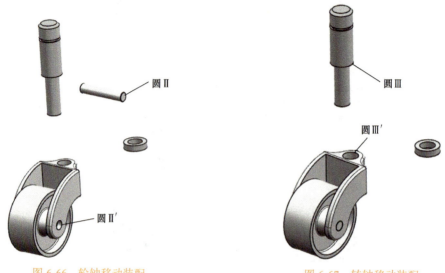

图6-66　轮轴移动装配　　　　　　　　图6-67　转轴移动装配

（4）移动装配紧固圈　重复以上操作,选中紧固圈为要移动的组件,设置"指定出发点"为紧固圈的圆Ⅳ中心,"指定目标点"为转轴的圆Ⅳ′中心,如图6-68所示。设置"变换"中的"运动"为"距离","指定矢量"为"-XC","距离"为"4mm",单击"确定"按钮,完成紧固圈装配。至此,脚轮的5个零件装配完成,装配效果如图6-69所示。

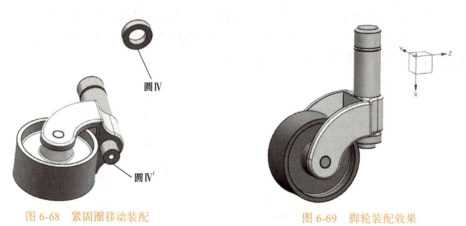

图6-68　紧固圈移动装配　　　　　　　　图6-69　脚轮装配效果

（四）编辑脚轮爆炸图

单击"菜单"→"装配"→"爆炸图"→"新建爆炸"按钮,或单击"装配"选项卡中的"爆炸图"按钮,再单击"新建爆炸"按钮,输入新建爆炸图名称为"脚轮爆炸图",然后单击"编辑爆炸"按钮,如图6-70所示。系统弹出"编辑爆炸"对话框,重新定位当前爆炸中选定的组件,如图6-71所示。

项目六 零件装配

图 6-70 打开"编辑爆炸"对话框　　　　　图 6-71 "编辑爆炸"对话框

1）使用鼠标光标选中转轴，并单击鼠标中键确认，然后选中 X 方向动态坐标手柄并长按鼠标左键，且沿 –X 装配方向将转轴拖动至合适位置，如图 6-72 所示。

2）重复以上操作，分别对紧固圈、脚轮、轮轴进行爆炸编辑，爆炸后的效果如图 6-73 所示。

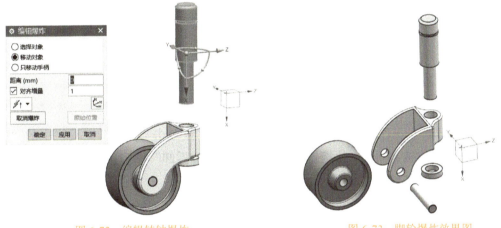

图 6-72 编辑转轴爆炸　　　　　　　　图 6-73 脚轮爆炸效果图

3）单击"菜单"→"装配"→"爆炸图"→"隐藏爆炸"按钮，退出"爆炸图"编辑。"爆炸图"可以创建多个，也可以进行删除。

（五）编辑脚轮装配序列

单击"菜单"→"装配"→"序列"按钮，或单击"常规"工具栏中的"序列"按钮，打开"装配序列"任务环境，然后单击"新建"按钮，创建"序列1"，打开"装配序列"工具栏，如图 6-74 所示。

图 6-74 "装配序列"工具栏

1）拆卸紧固圈。单击"序列步骤"工具栏中的"插入运动"按钮，系统弹出"录制组件运动"对话框。使用鼠标光标选中紧固圈，并单击鼠标中键确认，然后选中 X 方向动态坐标手柄并长按鼠标左键，且沿 X 装配方向将紧固圈拖动至合适位置，如图 6-75 所示。然后单击"录制组件运动"对话框中的"拆卸"按钮，完成紧固圈的拆卸。

2）重复以上操作，分别对转轴、脚轮、轮轴、支架进行"拆卸"序列编辑。完成后关闭"录制组件运动"对话框。

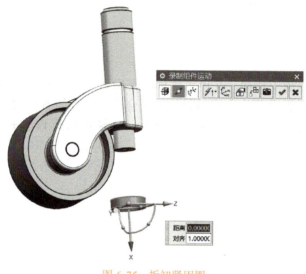

图 6-75　拆卸紧固圈

3）单击"菜单"→"工具"→"向前播放"按钮，或单击"回放"工具栏中的"向前播放"按钮，或按 <Enter> 快捷键，可以播放零件"拆卸"序列的仿真运动。反之，则播放零件"装配"序列的仿真运动。

4）单击"完成"按钮，退出"装配序列"任务环境。

（六）保存文件

单击"文件"→"保存"按钮，保存脚轮的装配和爆炸图文件。

本项目主要介绍了 UG NX12.0 的装配概念、装配导航器、添加组件、引用集内容、预览窗口装配、阵列装配、镜像装配、移动装配、添加新组件装配、替换引用集，以及装配约束等功能的操作。通过本项目装配实例的一般创建步骤，重点要求读者能熟练掌握在装配图中添加已有组件或添加新组件，并利用约束条件进行零件间的约束装配，同时掌握装配导航器的运用技巧和爆炸图、装配序列的编辑。

根据图 6-76～图 6-78 所示零件模型及三维装配图练习零件装配。

项目六 零件装配

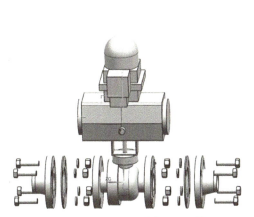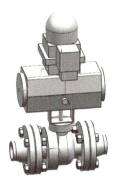

图 6-76 练习一

图 6-77 练习二

图 6-78 练习三

项目七

工程图编辑

本项目将讲解如何利用三维模型快速生成二维的工程图。工程图是用于指导实际生产的三视图图样，UG NX 12.0 工程图模块是将建模模块中创建的三维模型和装配模型通过投影，快速生成二维工程图。工程图与三维模型是完全关联的，即三维模型的尺寸、形状和位置的任何改变都会在工程图里实时反映。用户修改模型特征后，系统会根据对应关系更新视图特征，从而满足不断变化的工作流程需求，方便、快捷地绘制出合理、正确的工程图。UG NX 12.0 工程图模块可以创建多个二维视图，包括剖视图、向视图、局部放大视图等，可以自动生成标注，也可用手动标注，还可以对工程图的几何公差进行标注。

教学重点和难点：二维工程图的标注技能。

知识目标

1）熟悉二维工程图的工作环境。
2）掌握二维工程图的基本操作。
3）熟悉基本视图的导入及其标注功能。
4）掌握基本视图的编辑技巧。

能力目标

1）具备二维工程图的基本操作能力。
2）具备二维工程图的标注技能。

素养目标

1）培养学生对国家标准的认知和爱国情怀。
2）培养学生精益求精的工作作风和不断探索的科学态度。

任务一 拨叉工程图编辑

一、实例分析

本实例是绘制一个拨叉工程图。拨叉是汽车变速箱上的部件，其三维模型如图 7-1 所示,二维工程图如图 7-2 所示。本实例主要讲解图框编辑、基本视图、剖视图、尺寸标注、表面粗糙度标注、表格编辑、文本编辑等命令的操作方法。

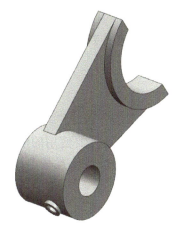

图 7-1 拨叉三维模型

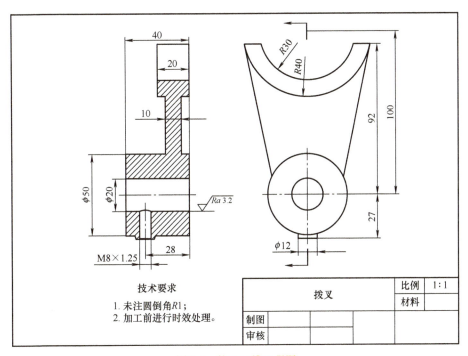

图 7-2 拨叉二维工程图

二、操作步骤

(一)进入制图环境

单击"应用模块"选项卡中的"制图"按钮,或按 <Ctrl+Shift+D> 快捷键,系统进入制图工作环境。

（二）新建图纸页

单击"新建图纸页"按钮 ，系统弹出"工作表"对话框。选中"标准尺寸"，设置"大小"为"A4–210×297"，"比例"为"1∶1"，"单位"为"毫米"，"投影"为"第一角投影" ，默认其他选项设置，如图7-3所示。然后单击"确定"按钮，进入工程图编辑环境。

（三）添加基本视图

在"视图"工具栏中单击"基本视图"按钮 ，系统弹出"基本视图"对话框，如图7-4所示。在"模型视图"下拉列表中选择要使用的模型视图（如"俯视图"），并选择合适的视图比例（如"1∶1"），在合适的位置放置基本视图，即可完成基本视图的添加，效果如图7-5所示。

图7-3 "工作表"对话框

图7-4 "基本视图"对话框

（四）添加剖视图

在"视图"工具栏中单击"剖视图"按钮 ，系统弹出"剖视图"对话框，如图7-6所示。拖动鼠标光标，在视图中捕捉圆弧中心为剖切线位置，向左投影，然后在合适位置放置剖视图，如图7-7所示。

项目七 工程图编辑

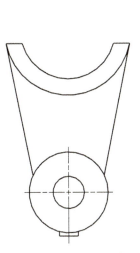

图 7-5 添加基本视图效果

图 7-6 "剖视图"对话框

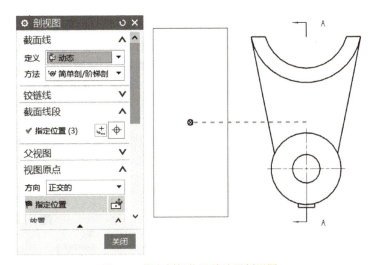

图 7-7 指定剖切位置并放置剖视图

(五)标注基本线性尺寸

在"尺寸"工具栏中单击"快速"按钮，系统弹出"快速尺寸"对话框，如图 7-8 所示。在"测量"选项组中的"方法"下拉列表中选择相应的标注方法（如"自动判断"），然后选择要标注尺寸的两个尺寸界线对象或一个圆弧对象，并指定相应的放置"原点"位置来生成若干线性尺寸，如图 7-9 所示。

图 7-8 "快速尺寸"对话框

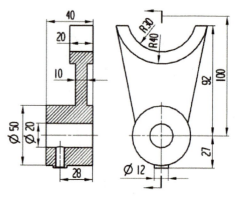

图 7-9 标注基本的线性尺寸

（六）标注螺纹及表面粗糙度

1. 标注螺纹

在建模环境中创建螺纹时，首先把螺纹设成简化的符号螺纹形式。在工程图环境中，使用"快速尺寸"标注螺纹大径为"8"，双击尺寸标注"8"，在弹出的"编辑"对话框中的前缀处输入"M"，在后缀处输入"×1.25"，如图 7-10 所示。单击"文本设置"按钮，弹出"文本设置"对话框，如图 7-11 所示。选择"附加文本"，设置"高度"为"4.5"，然后关闭对话框。

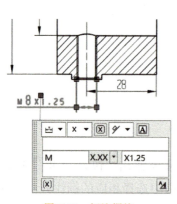

图 7-10 标注螺纹

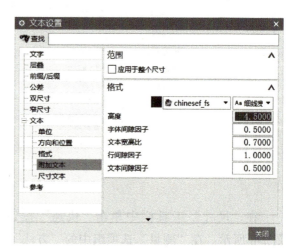

图 7-11 设置附加文本字高

2. 标注表面粗糙度

单击"注释"工具栏中的"表面粗糙度"按钮√，系统弹出"表面粗糙度"对话框，如图 7-12 所示。在"除料"下拉列表中选择"√修饰符，需要除料"，"切除（f1）"输入为"Ra3.2"，其他参数为空，然后移动鼠标光标在剖视图中选中 ϕ20mm 的内壁，并按住鼠标左键把表面粗糙度符号拖拽至合适位置。

最终标注效果如图 7-13 所示。

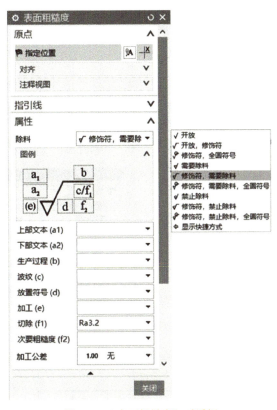

图 7-12 "表面粗糙度"对话框

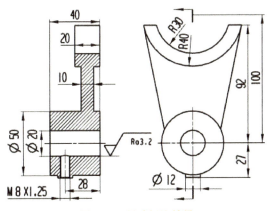

图 7-13 尺寸标注效果

（七）标题栏表格

1）单击"表格注释"按钮 ，系统弹出"表格注释"对话框，如图7-14所示。在该对话框中的"表大小"选项组中可以设置新表格的"列数""行数"和"列宽"。

2）单击"设置"按钮 ，打开图7-15所示的"表格注释设置"对话框，从中定义文字、单元格、截面和表格注释等方面的内容，通常可以接受默认的表格样式。

3）设置好表格大小和表格样式后，在图样中指定原点以生成表格，如图7-16所示，用户可以根据实际情况对单元格进行编辑操作等。

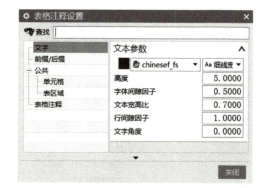

图7-14 "表格注释"对话框　　　　　　图7-15 "表格注释设置"对话框

图7-16 生成表格

4）选中表格区域时，在新表格的左上角有一个移动手柄按钮，可以按住鼠标左键来拖动该移动手柄按钮，使表格随之移动，当移动到合适的位置后，释放鼠标左键即可将表格放置到图样中合适的位置。若要合并单元格，则可以先在表格中选择一个单元格，按住鼠标左键不放并移动，移动范围包括用户要合并的单元格，依次选择要合并的单元格后，单击鼠标右键并从快捷菜单中选择"合并单元格"命令，从而完成指定单元格的合并，如图7-17所示。取消合并单元格的操作与其类似。如果需要改变表格的某列或某行宽度时，只要选中框格边线，按住鼠标左键拖动至合适宽度即可。

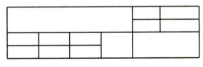

图7-17 合并单元格

5）在表格中输入文字注释。双击需要输入文字的单元格，然后直接输入文字即可，如图7-18所示。

图7-18 表格文字注释

（八）技术要求文本

1）单击"注释"按钮 A，系统弹出图7-19所示的"注释"对话框。

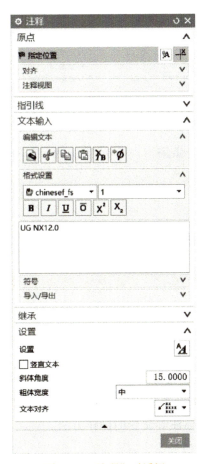

图7-19 "注释"对话框

2）单击"注释"对话框中的"设置"按钮 A，打开图 7-20 所示的"注释设置"对话框来设置文字样式等。

3）在"注释"对话框的"文本输入"选项组中的文本框中输入新注释文本，如果需要编辑文本，可以展开"编辑文本"选项组来进行相关的编辑操作。确定要输入的注释文本后，在图样中指定"原点"位置即可将注释文本插入该位置。

4）如需要对图形中的尺寸要素进行修改，则选中要修改的尺寸标注，单击鼠标右键，再单击"设置"按钮 A，打开"设置"对话框，如图 7-21 所示，对尺寸的箭头、公差、文本等参数进行设置。

图 7-20 "注释设置"对话框

图 7-21 "设置"对话框

（九）保存文件

单击"文件"→"保存"按钮，保存拨叉工程图文件。

任务二 阀盖工程图编辑

一、实例分析

本实例是绘制一个阀盖工程图。阀盖是机械设备常见的端盖类零件，其三维模型如图 7-22 所示，二维工程图如图 7-23 所示。本实例主要介绍基本视图、半剖视图、局部放大视图、视图移动、视图更新、几何公差标注等命令的操作方法。

图 7-22 阀盖三维模型

项目七　工程图编辑

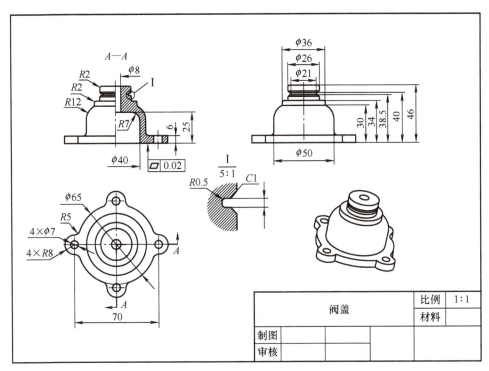

图 7-23　阀盖二维工程图

二、操作步骤

（一）进入制图环境

单击"应用模块"选项卡中的"制图"按钮，系统进入制图环境。

（二）新建图纸页

进入制图环境，单击"新建图纸页"按钮，系统弹出"工作表"对话框。选中"标准尺寸"，设置"大小"为"A3-297×420"，"比例"为"1∶1"，"单位"为"毫米"，"投影"为"第一角投影"，默认其他选项设置。然后单击"确定"按钮，进入工程图编辑环境。

（三）添加基本视图

在"视图"工具栏中单击"基本视图"按钮，系统弹出"基本视图"对话框。在"模型视图"下拉列表中选择要使用的模型视图（如"仰视图"），并选择合适的视图比例（如"1∶1"），在合适的位置放置基本视图，效果如图 7-24 所示。

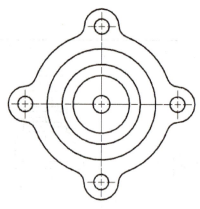

图 7-24　添加基本视图效果

（四）添加半剖视图

在"视图"工具栏中单击"剖视图"按钮，系统弹出"剖视图"对话框。设置"方法"为"半剖"，剖切中心位置为父视图的圆心，第二点截面位置为下方 $\phi 7mm$ 小圆圆心，效果如图 7-25 所示。

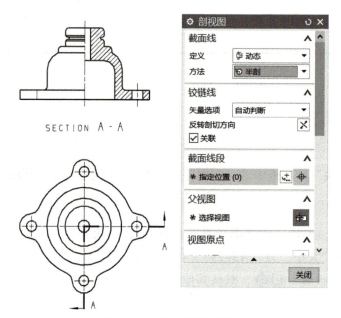

图 7-25　添加半剖视图效果

（五）添加左视图

首先选中以上创建的 A-A 半剖视图，然后在"视图"工具栏中单击"投影视图"按钮，系统弹出"投影视图"对话框。在合适的位置放置左视图，如图 7-26 所示。

项目七 工程图编辑

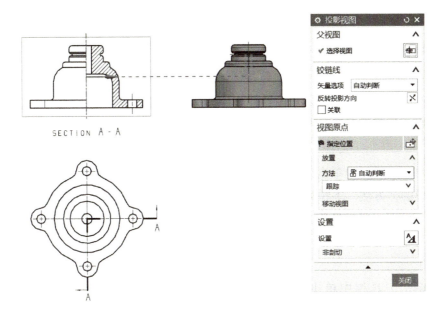

图 7-26　添加左视图

（六）添加局部放大图

在"视图"工具栏中单击"局部放大图"按钮，系统弹出"局部放大图"对话框。选择"圆形"方法，然后移动鼠标光标在父视图上圈选需要放大的局部特征，"比例"设置为 5∶1，选择"标签"标注形式，在合适的位置放置局部放大图，如图 7-27 所示。

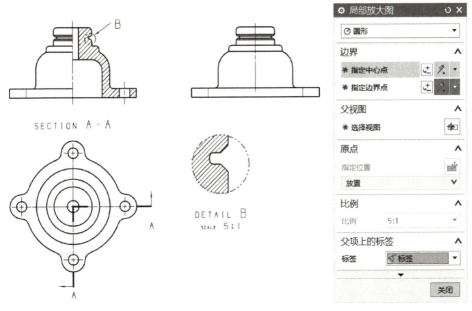

图 7-27　添加局部放大图

169

（七）标注尺寸及几何公差

1. 标注线性尺寸

在"尺寸"工具栏中单击"快速"按钮 ，系统弹出"快速尺寸"对话框。在"测量"选项组中的"方法"下拉列表中选择相应的标注方法，然后选择要标注尺寸的两个尺寸界线对象或一个圆弧对象，并指定相应的放置"原点"位置来生成若干线性尺寸。

2. 标注半剖视圆

在"尺寸"工具栏中单击"快速"按钮 ，系统弹出"快速尺寸"对话框。在"测量"选项组中的"方法"下拉列表中选择" 圆柱式"，分别选择中心线和圆的可见边缘为两对象，在"设置"对话框中，取消勾选"显示箭头"和"显示延伸线"，并把尺寸放置合适位置。

3. 标注平面度公差

在"注释"工具栏中单击" 特征控制框"，系统弹出"特征控制框"对话框，如图7-28所示。在"框"选项组中的"特性"下拉列表中选择" 平面度"，"公差"输入为"0.02"，在需要标注的位置单击鼠标左键并拖拽放置于合适位置。

选中图中各视图并拖拽移动至合适位置，标注效果如图7-29所示。

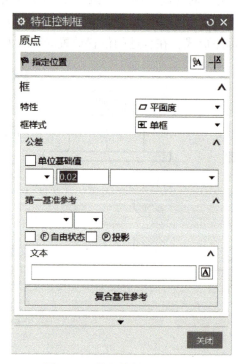

图7-28 "特征控制框"对话框

项目七 工程图编辑

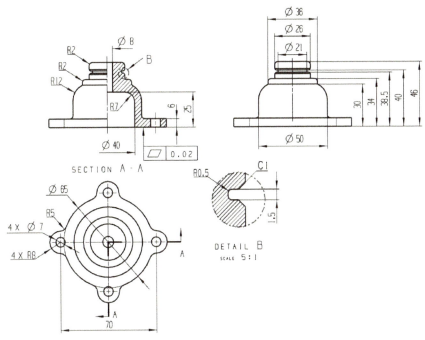

图 7-29 标注效果图

（八）移动及更新视图

单击"视图"工具栏中的"移动/复制视图"按钮，系统弹出图 7-30 所示的"移动/复制视图"对话框。可以对图中的某一个或多个视图进行移动或复制。

单击"视图"工具栏中的"更新视图"按钮，系统弹出图 7-31 所示的"更新视图"对话框。可以对图中的某一个或多个过时视图进行更新。

图 7-30 "移动/复制视图"对话框

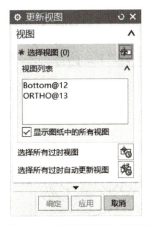

图 7-31 "更新视图"对话框

（九）保存文件

单击"文件"→"保存"按钮，保存阀盖工程图文件。

任务三 弹性支承装配工程图编辑

一、实例分析

本实例是绘制弹性支承装配工程图。弹性支承由底座等7个零部件组成,其三维模型如图7-32所示,二维工程图如图7-33所示。本实例主要介绍装配图的零件明细表生成及编辑、零件序号生成及编辑的操作方法。

图7-32 弹性支承三维模型

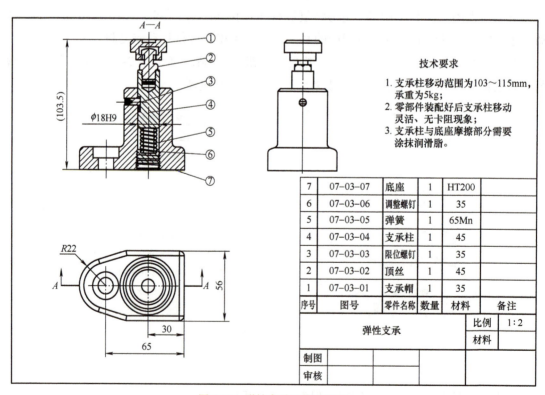

图7-33 弹性支承二维工程图

项目七　工程图编辑

二、操作步骤

（一）进入制图环境

单击"应用模块"选项卡中的"制图"按钮，系统进入制图环境。

（二）新建图纸页

进入制图环境，单击"新建图纸页"按钮，系统弹出"工作表"对话框。选中"标准尺寸"，设置"大小"为"A4-210×297"，"比例"为"1：2"，"单位"为"毫米"，"投影"为"第一角投影"，默认其他选项设置。然后单击"确定"按钮，进入工程图编辑环境。

（三）添加基本视图

在"视图"工具栏中单击"基本视图"按钮，系统弹出"基本视图"对话框。在"模型视图"下拉列表中选择要使用的模型视图（如"俯视图"），并选择合适的视图比例（如"1：2"），在合适的位置放置基本视图，增加 A-A 剖视图和左视图，并标注必要尺寸，如图 7-34 所示。

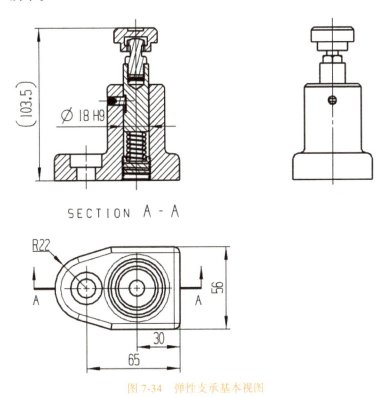

图 7-34　弹性支承基本视图

（四）创建零件明细表

在"表"工具栏中单击"零件明细表"按钮，把明细表放置于标题栏上方，如图 7-35 所示。如明细表只显示一行，则需要编辑级别。具体操作如下：选中明细表，单击鼠标右键,在快捷菜单中单击"编辑级别"按钮,系统弹出"编辑级别"对话框,如图7-36所示。选择"主模型",并单击"确定"按钮,明细表则自动更新完整表格,效果如图7-37所示。

图7-35 零件明细表

图7-36 "编辑级别"对话框

7	底座	1
6	调整螺钉	1
5	弹簧	1
4	支承柱	1
3	限位螺钉	1
2	顶丝	1
1	支承帽	1
PC NO	PART NAME	QTY

图7-37 完整零件明细表

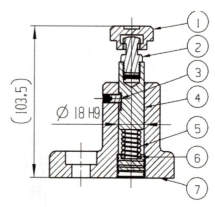

图7-38 零件序号标注

(五)标注零件序号

选中明细表,单击鼠标右键,在快捷菜单中单击"自动符号标注"按钮,然后选择A—A剖视图为需要标注的母视图,单击"确定"按钮,则所有零件序号均标注在该母视图上。双击各个零件序号引出线,重新指定引出线的标注位置,并拖拽各个序号按顺序摆放整齐,如图7-38所示。

(六)添加零件属性

按<Ctrl+M>快捷键,进入建模环境。在"装配导航器"中,把"支承帽"零件设为工作部件(或在视图窗口中单独打开零件);选择该零件节点并单击鼠标右键,在下拉菜单中单击"属性"按钮,系统弹出"组件属性"对话框。单击"属性"选项卡,设置"关联"中的"交互方法"为"传统","应用于"为"部件";在"标题/别名"文本框中输入"图号",设置"值"为"07-03-01",然后勾选"添加新的属性",如图7-39所示。接着继续在"标题/别名"文本框中输入"材料",设置"值"为"45",然后勾选"添加新的属性",默认其他选项设置。根据需要可以继续添加零件的其他属性。单击"确定"按钮,完成零件属性的添加。

项目七 工程图编辑

图 7-39 添加零件属性

重复以上操作，分别完成顶丝、底座等其他 6 个零件的属性添加。

（七）在明细表中插入新增的零件属性

1）把"弹性支承装配"设为"工作部件"，按 <Ctrl+Shift+D> 快捷键，进入制图环境。

2）选中明细表的"PC NO"列，单击鼠标右键，单击"插入"按钮，在"PC NO"列右边插入一空白列。重复以上操作，也在"QTY"右边插入两列空白列，如图 7-40 所示。

7		底座	1		
6		调整螺钉	1		
5		弹簧	1		
4		支承柱	1		
3		限位螺钉	1		
2		顶丝	1		
1		支承帽	1		
PC NO		PART NAME	QTY		

图 7-40 明细表插入空白列

3）用鼠标右键单击空白列表头空格，选择"列"，然后再用鼠标右键单击选中的"列"，在快捷菜单中单击"设置"按钮 A，系统弹出"设置"对话框，如图 7-41 所示。单击"列"——"属性名称"选择框，在系统弹出的对话框中选择新添加的"图号"属性名称，如图 7-42 所示。

图 7-41 "设置"对话框

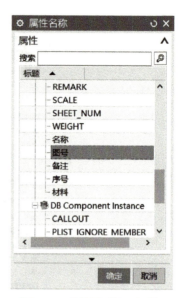

图 7-42 "属性名称"对话框

4）重复以上操作，分别插入"材料""备注"等零件属性。

5）双击列表头，分别把"PC NO"改为"序号"，把"PART NAME"改为"零件名称"，把"QTY"改为"数量"，如图 7-43 所示。

7	07-03-07	底座	1	HT200	
6	07-03-06	调整螺钉	1	35	
5	07-03-05	弹簧	1	65Mn	
4	07-03-04	支承柱	1	45	
3	07-03-03	限位螺钉	1	35	
2	07-03-02	顶丝	1	45	
1	07-03-01	支承帽	1	35	
序号	图号	零件名称	数量	材料	备注

图 7-43 修改明细表表头

6）拖动明细表各列格线，调整列宽至合适尺寸。

7）单击"注释"按钮，创建"技术要求"注释。

（八）保存文件

单击"文件"→"保存"按钮，保存弹性支承装配工程图文件。

项目七 工程图编辑

##

本项目主要通过实例介绍了 UG NX12.0 的工程图功能，分别介绍了工程图图纸操作、基本视图操作、尺寸标注、表格编辑、文本编辑、创建零件明细表等功能。尺寸和注释标注样式的设置可根据个人的需要来修改系统默认的一些参数。绘制工程图的难点主要在视图的生成和尺寸的标注。通过实例中零件工程图和装配工程图的绘制，要求用户能熟练掌握绘制工程图的各种命令，能熟练操作并灵活掌握绘制工程图的各种技巧。

根据图 7-44～图 7-47 所示图样练习工程图编辑。

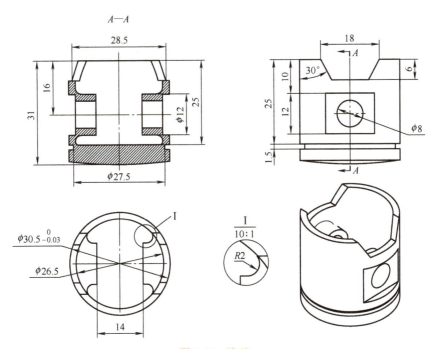

图 7-44　练习一

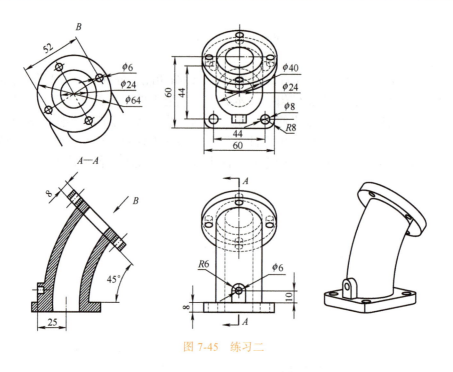

图 7-45　练习二

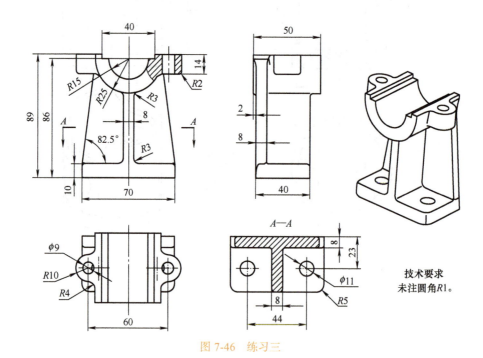

技术要求
未注圆角R1。

图 7-46　练习三

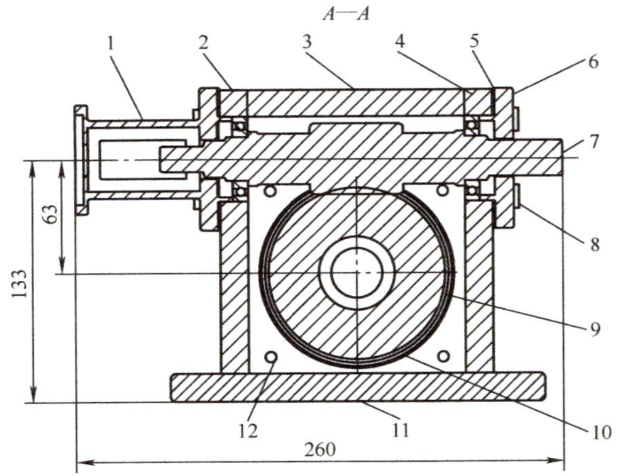

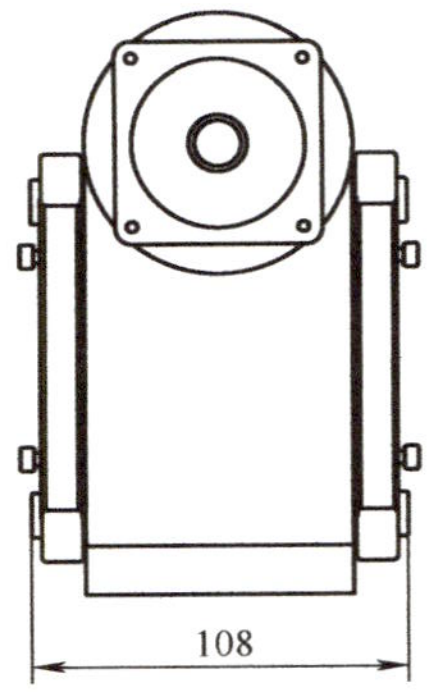

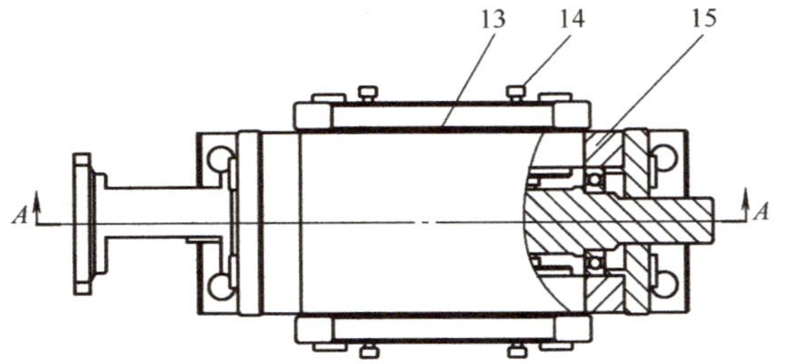

序号	零件编号	零件名称	材料	数量	备注
15	07-04-02	蜗轮轴承	65Mn	2	
14	M4X20	螺栓M4X20	铁	8	
13	07-04-08	蜗轮端盖垫圈	青铜	2	
12	07-04-11	蜗轮座	铸铁	2	
11	07-04-12	底板	铸铁	1	
10	07-04-09	蜗轮端盖	铸铁	2	
9	07-04-01	蜗轮	青铜	1	
8	M8X20	螺栓M8X20	铁	16	
7	07-04-05	蜗杆	45钢	1	
6	07-04-04	蜗杆端盖	铸铁	1	
5	07-04-07	蜗杆端盖垫圈	青铜	2	
4	07-04-03	蜗杆轴承	65Mn	2	
3	07-04-13	上盖	铸铁	1	
2	07-04-10	蜗杆座	铸铁	2	
1	07-04-06	蜗杆电机盖	铸铁	1	
序号	零件编号	零件名称	材料	数量	备注
		蜗轮蜗杆装配		比例	1:1
				材料	
制图					
审核					

技术要求

1. 全部零件装配前，皆应清除污秽、毛刺、尖棱和不平出处；
2. 装配好后，蜗杆转动灵活，没有卡阻现象。

图 7-47 练习四

项目八

运动仿真

UG NX12.0 运动仿真是其 CAE 模块中的主要部分，它能对任何二维或三维机构进行复杂的运动学分析、动力分析和设计仿真。本项目通过简单的平面四杆机构和复杂的机械抓手机构实例介绍机构的仿真运动。

教学重点和难点：运动副的创建。

知识目标

1）熟悉运动仿真的工作环境。
2）掌握运动构件的创建。
3）掌握运动副的创建。
4）熟悉运动解算方法。

能力目标

1）具备运动构件和运动副的创建能力。
2）掌握运动解算的方法。

素养目标

1）培养学生一丝不苟的工作作风。
2）培养学生精益求精的大国工匠精神。

利用 UG 的建模功能创建一个三维实体模型，利用 UG 的运动仿真的功能给三维实体模型的各个部件赋予一定的运动学特性，再在各个部件之间设立一定的连接关系，即可创建一个运动仿真模型。应用运动仿真功能可以对运动机构进行大量的装配分析工作、运动合理性分析工作，如干涉检查、轨迹包络等，从而提供大量运动机构的运动参数。通过对某个运动仿真模型进行运动学或动力学的运动分析，用户就可以验证该运动机构设计的合理性，并且可以利用图形输出各个部件的位移、坐标、速度、加速度和力的变化情况，以便对运动机构进行优化。

运动仿真功能的实现步骤如下：

1)创建一个运动分析场景。

2)进行运动模型的构建,包括设置每个零件的连杆特性,设置两个连杆间的运动副或添加机构载荷。

3)进行运动参数的设置,提交运动仿真模型数据,同时进行运动仿真动画的输出和运动过程的控制。

4)运动分析结果的数据、表格和变化曲线的输出,人工进行机构运动特性的分析。

任务一 平面四杆机构运动仿真

一、实例分析

本实例是对图 8-1 所示的平面四杆机构进行运动仿真。该四杆机构是由四根杆件组成的曲柄摇杆机构,杆件 L001 固定不动,杆件 L002 做圆周旋转运动,杆件 L003 做往复摆动,杆件 L004 做摇摆运动。

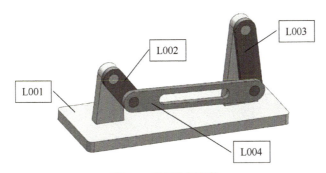

图 8-1 平面四杆机构

二、操作步骤

(一)绘制四杆机构装配图

根据图 8-2～图 8-5 所示零件图分别绘制四根杆件,并按图 8-1 所示进行装配,装配图名称命名为 "asm1"。

注:杆件名称、装配图名称及文档路径不能包含有中文字符,否则解算过程中会出现异常。

(二)进入仿真环境

1)在"应用模块"选项卡中,单击"仿真"工具栏中的"运动"按钮 运动,如图 8-6 所示,或按 <Ctrl+Alt+K> 快捷键,打开运动仿真功能。

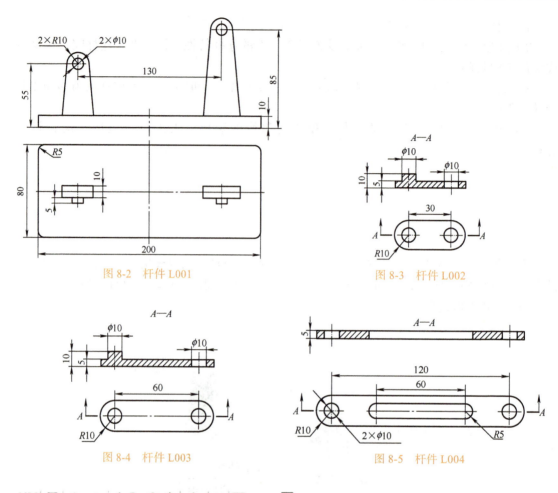

图 8-2　杆件 L001

图 8-3　杆件 L002

图 8-4　杆件 L003

图 8-5　杆件 L004

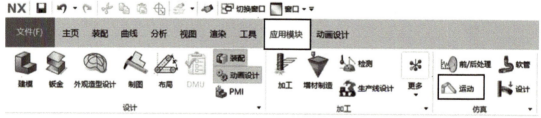

图 8-6　打开运动仿真功能

2）在"运动导航器"中选择"asm1"装配节点，再单击鼠标右键，选择"新建仿真"命令，如图 8-7 所示。系统会弹出"新建仿真"对话框，如图 8-8 所示。输入新仿真文件名为"asm1_motion1.sim"及保存路径，单击"确定"按钮，进入运动仿真环境。

注：运动仿真名称一般取英文名，路径也应是英文名，否则在有些计算机上不能创建仿真运动。

项目八 运动仿真

图 8-7 选择"新建仿真"命令

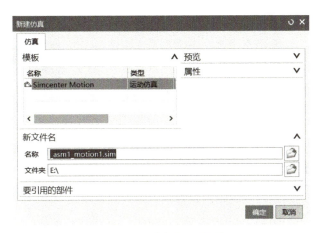

图 8-8 "新建仿真"对话框

3)进入"环境"对话框中,设置"分析类型"为"运动学",勾选"新建仿真时启动运动副向导"复选框,如图 8-9 所示。单击"确定"按钮,创建新的运动仿真。此时,在"运动导航器"中出现"asm1_motion1"节点,如图 8-10 所示。

图 8-9 "环境"对话框

图 8-10 创建运动仿真"asm1_motion1"

(三)创建连杆

在"主页"选项卡中,单击"机构"工具栏中的"连杆"按钮,系统弹出"连杆"对话框,如图 8-11 所示。"连杆对象"选择为杆件 L001;"质量属性选项"设置为"自动";在"设置"选项组中勾选"无运动副固定连杆"复选框;"名称"输入为"L001"。单击"应用"按钮,设置杆件 L001 为固定连杆。在"运动导航器"中,"L001"节点上带有接地标识,如图 8-12 所示。

图8-11 "连杆"对话框

图8-12 "L001"节点上带有接地标识

采用相同的方法,分别设置第二根杆件L002、第三根杆件L003、第四根杆件L004均为活动连杆。在设置活动连杆时,必须在"连杆"对话框中取消勾选"无运动副固定连杆"复选框。此时,在"运动导航器"中有四个连杆节点,其中只有"L001"带有接地标识,如图8-13所示。

图8-13 创建四根连杆

(四)创建旋转副

1. 创建旋转副J001

创建杆件L001和杆件L002间的旋转副J001。

在"主页"选项卡中,单击"机构"工具栏中的"接头"按钮,系统弹出"运动副"对话框,如图8-14所示。单击"定义"选项卡,在"类型"下拉列表中选择"旋转副";在"操作"选项组中,设置"选择连杆"为杆件L002,"指定原点"为旋转圆心,"方位类型"为"矢量","指定矢量"为"面/平面法向",并选中杆件L001(或L002)法向平面;在"基本"选项组中,取消勾选"啮合连杆"复选框,设置"选择连杆"为杆件L001;输入"名称"为"J001"。单击"应用"按钮,完成旋转副J001的创建。

图 8-14 "运动副"对话框

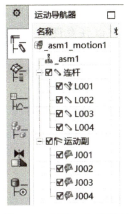

图 8-15 创建四个旋转副

2. 创建其他旋转副

采用相同方法，分别创建杆件 L002 和杆件 L004 间的旋转副 J002、杆件 L003 和杆件 L004 间的旋转副 J003、杆件 L001 和杆件 L003 间的旋转副 J004。此时，在"运动导航器"中出现四个旋转副节点，如图 8-15 所示。

（五）创建驱动

双击"J001"节点，在"运动副"对话框中，单击"驱动"选项卡，在"旋转"下拉列表框中选择"多项式"；设置"初位移"为"0"，"速度"为"100"，"加速度"为"0"，"加加速度"为"0"。单击"确定"按钮，完成驱动的添加，运动仿真区中旋转副 J001 上将添加旋转驱动的标识，如图 8-16 所示。

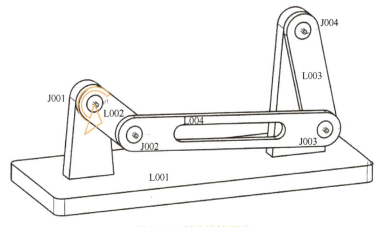

图 8-16 创建旋转驱动

（六）运动仿真

1）单击"解算方案"按钮，系统弹出"解算方案"对话框，如图 8-17 所示。设置"解算类型"为"常规驱动"，"分析类型"为"运动学/动力学"，"时间"为"10s"，"步数"为"100"（表示运动时间为 10s，通过 100 步完成），"名称"为"解算方案 1"，默认其他参数设置。单击"确定"按钮，退出解算方案设置。此时，在"运动导航器"中出现"解算方案 1"节点，如图 8-18 所示。

注：读者可以任意设定"时间"和"步数"值，再对比仿真结果有何不同。

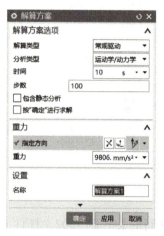
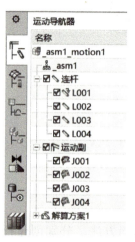

图 8-17 "解算方案"对话框　　　　　图 8-18 创建解算方案

2）单击"求解"按钮，进行解算。解算时，系统会弹出解算的信息窗口，底部的状态栏显示当前的进度状态。完成解算后，状态栏当前进度显示为 100%，即可关闭信息窗口。

注：如果在解算时出现图 8-19 所示的异常窗口，则可能是因为 UG 文件名含有中文字符或文档的路径含有中文字符。

图 8-19 解算异常窗口

3）在"运动导航器"中双击 Default Animation 节点，如图 8-20 所示，即可以观察到该四杆机构的运动情况；或单击"分析"选项卡，再单击"动画"按钮，在打开的"动画"对话框中播放仿真动画，如图 8-21 所示。

项目八 运动仿真

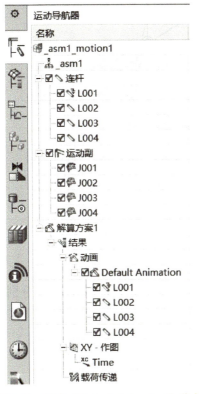

图 8-20 双击"Default Animation"节点

图 8-21 "动画"对话框

（七）隐藏非实体对象

1）按 <Ctrl+B> 快捷键，在"类型过滤器"中选择除实体之外的所有对象，单击"确定"按钮，即可完成对除实体之外的所有对象的隐藏。

2）单击"菜单"→"格式"→"移动至图层"按钮，在"类型过滤器"中选择除实体之外的所有对象；然后将其移动至某一图层，单击"确定"按钮，退出"图层移动"对话框；再按 <Ctrl+L> 快捷键，设置该图层为"不可见"，即可完成对除实体之外的所有对象的隐藏。

重新播放仿真动画，可以观察到四杆机构的运行情况。

（八）保存文件

单击"文件"→"保存"按钮，保存平面四杆机构运动仿真文件。

任务二 机械抓手机构运动仿真

一、实例分析

本实例是对图 8-22 所示的机械抓手机构进行运动仿真。该机械抓手机构是一种常见的传动机构，由液压缸、活塞、连杆、手爪等机件构成。两个手爪在活塞往复运动的带动下进行抓取工作。

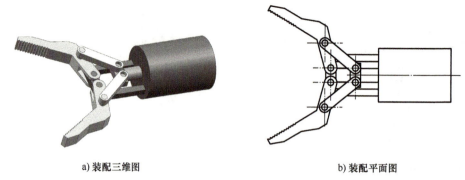

图 8-22 机械抓手机构

二、操作步骤

(一) 绘制机械抓手机构装配图

根据图 8-23～图 8-27 所示零件图分别绘制机械抓手机构的六个机件,并分别命名为 L001、L002、L003、L004、L005、L006,其中 L003 和 L004 为同一个连杆,并按图 8-22 所示进行装配,装配图名称命名为"asm1"。

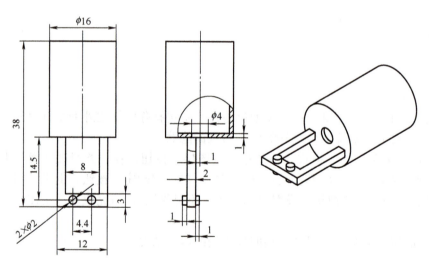

图 8-23 液压缸 L001

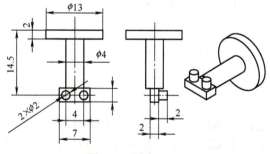

图 8-24 活塞 L002

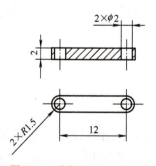

图 8-25 连杆 L003、L004

项目八 运动仿真

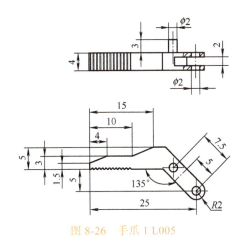

图 8-26 手爪 1 L005

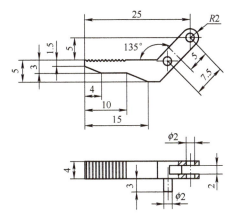

图 8-27 手爪 2 L006

（二）创建仿真

1. 进入仿真环境

1）在"应用模块"选项卡中，单击"仿真"工具栏中的"运动"按钮 运动，打开运动仿真功能。

2）在"运动导航器"中选择"asm1"装配节点，单击鼠标右键，选择"新建仿真"命令，输入新仿真文件名为"asm1_motion1.sim"及保存路径，单击"确定"按钮，进入运动仿真环境。

3）在"环境"对话框中，设置"分析类型"为"动力学"，取消勾选"新建仿真时启动运动副向导"复选框，单击"确定"按钮，创建运动仿真。此时在"运动导航器"中出现"asm1_motion1"节点。

2. 创建连杆

在"主页"选项卡中，单击"机构"工具栏中的"连杆"按钮 ，设定液压缸为固定连杆 L001，活塞、两个连杆、手爪 1、手爪 2 分别为活动连杆 L002、L003、L004、L005、L006。

3. 创建运动副

在"主页"选项卡中，单击"机构"工具栏中的"接头"按钮 ，将活塞连杆设为接地滑动副，其余连杆设为相对旋转副，共有 1 个接地滑动副和 6 个相对旋转副，如图 8-28 所示。

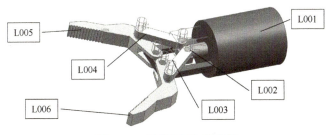

图 8-28 创建连杆和运动副

4. 创建驱动

在"运动导航器"中双击活塞的接地滑动副节点"J001",在"运动副"的对话框中,单击"驱动"选项卡,在"平移"下拉列表框中选择"多项式";设置"初位移"为"0","速度"为"1","加速度"为"0","加加速度"为"0"。单击"确定"按钮,完成驱动的添加。

5. 运动仿真

1)单击"解算方案"按钮 ,在"解算方案"对话框中,设置"解算类型"为"常规驱动","分析类型"为"运动学/动力学","时间"为"4s","步数"为"200",默认其他参数设置。单击"确定"按钮,退出解算方案设置。此时,在"运动导航器"中出现解算方案"Solution_1"节点。

2)单击"求解"按钮 ,进行解算。解算时,系统会弹出解算的信息窗口,底部的状态栏显示当前的进度状态。完成解算后,状态栏当前进度显示为100%,即可关闭信息窗口。

3)在"分析"选项卡中,单击"运动"工具栏中的"动画"按钮 ,在"动画"对话框中,单击"播放"按钮 ,即可观察到该机构手爪的运动情况,在运动中两手爪交叉在一起,如图8-29所示。

4)单击"停止"按钮 ,停止播放,并关闭"动画"对话框。在"应用模块"选项卡中,再次单击"仿真"工具栏中的"运动"按钮 运动,进入运动仿真环境。

5)单击"接触"工具栏中的"3D接触"按钮 ,系统弹出"3D接触"对话框,如图8-30所示。选择手爪1(L005)为"操作"体,手爪2(L006)为"基本"体,默认其他参数值。单击"确定"按钮,完成设置。

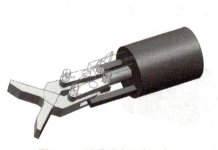

图8-29 两手爪交叉在一起

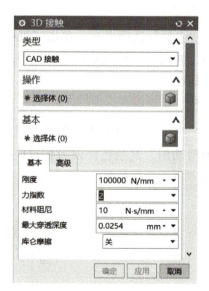

图8-30 "3D接触"对话框

6)在"分析"选项卡中,单击"运动"工具栏中的"干涉"按钮 ,系统弹出"干涉"对话框,如图 8-31 所示。勾选"事件发生时停止"和"激活"复选框,分别选择手爪 1 为"第一组"对象,选择手爪 2 为"第二组"对象。单击"确定"按钮,完成设置。

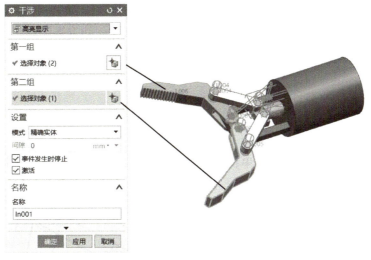

图 8-31 "干涉"对话框

7)单击"求解"按钮,重新进行解算。完成解算后,关闭信息窗口。

8)单击"运动"工具栏中的"动画"按钮,在"动画"对话框中,勾选"干涉"和"事件发生时停止"复选框。单击"播放"按钮,即可观察到该机构的手爪在运动中碰撞在一起后即停止运动,如图 8-32 所示。

图 8-32 两手爪碰撞后停止运动

6. 隐藏非实体对象

把旋转符号、连杆符号等非实体对象进行隐藏。重新播放仿真动画,可以观察到机械抓手机构的运行情况。

7. 保存文件

单击"文件"→"保存"按钮,保存机械抓手机构运动仿真文件。

小 结

本项目主要通过平行四杆机构和机械抓手机构实例介绍了 UG NX12.0 的运动仿真功能，包括连杆的创建、运动副的创建、驱动的创建，以及运动方案解算、求解、干涉等功能的操作，使用户能够掌握简单机构运动仿真的各种命令，能熟练并灵活运用仿真操作中的各种技巧。

绘制图 8-33～图 8-35 所示简单机构的装配图，并练习运动仿真的功能编辑。

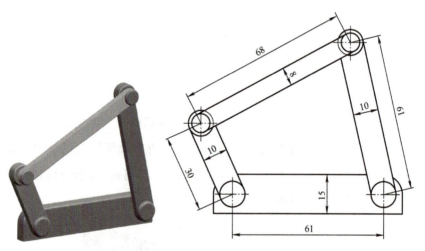

图 8-33 四杆机构练习

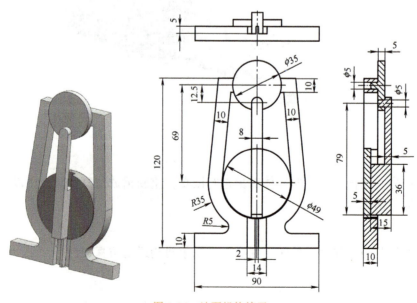

图 8-34 油泵机构练习

项目八 运动仿真

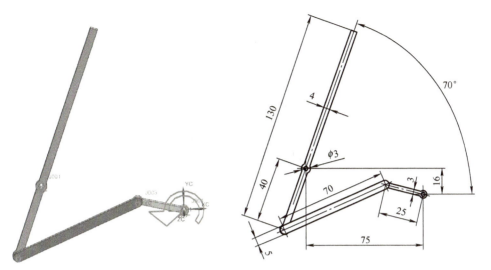

图 8-35 汽车雨刷机构练习

参 考 文 献

[1] 彭二宝，王宏颖.UG NX8.5 项目教程 [M]. 北京：北京邮电大学出版社，2018.
[2] 赵旭升，虞启凯，杨红鑫.UG NX10.0 案例教程 [M]. 北京：北京邮电大学出版社，2019.
[3] 韦晓航，覃秀凤.UG NX 机械设计项目教程 [M]. 北京：中国铁道出版社有限公司，2019.
[4] 方月，胡仁喜，赵煜.UG NX12.0 中文版快速入门实例教程 [M]. 北京：机械工业出版社，2018.
[5] 詹建新.UG NX12.0 运动仿真项目教程 [M]. 北京：机械工业出版社，2019.